U0164903

THINK
新思

新 一 代 人 的 思 想

VITUS B. DRÖSCHER

德浩谢尔动物与人书系

动物们
的
生存艺术

〔德〕费陀斯·德浩谢尔———

著

李媛———

译

Geniestreiche der
Schöepfung

Die Üeberlebenskunst
der Tiere

赵芊里主编

中信出版集团 | 北京

图书在版编目（CIP）数据

动物们的生存艺术 /（德）费陀斯·德浩谢尔著；
李媛译 . -- 北京：中信出版社，2022.8
　　ISBN 978-7-5217-3455-3

　　Ⅰ . ①动⋯ Ⅱ . ①费⋯ ②李⋯ Ⅲ . ①动物－生存能
力 Ⅳ . ① Q951

中国版本图书馆 CIP 数据核字（2021）第 164495 号

Geniestreiche der Schöpfung: Die Üeberlebenskunst der Tiere
by Vitus B. Dröscher
Copyright©1988 by Vitus B. Dröscher
Simplified Chinese translation copyright © 2022 by CITIC Press Corporation
ALL RIGHTS RESERVED
本书仅限中国大陆地区发行销售

动物们的生存艺术
著者：［德］费陀斯·德浩谢尔
译者：李媛

出版发行：中信出版集团股份有限公司
（北京市朝阳区惠新东街甲 4 号富盛大厦 2 座　邮编　100029）
承印者：　嘉业印刷（天津）有限公司

开本：880mm×1230mm　1/32　　印张：8.75
插页：4　　　　　　　　　　　　字数：190 千字
版次：2022 年 8 月第 1 版　　　　印次：2022 年 8 月第 1 次印刷
京权图字：01–2022–1622　　　　书号：ISBN 978–7–5217–3455–3
　　　　　　　　　　定价：56.00 元

目　录

动物们的生存艺术

动物们的生存艺术

推荐序

　　我曾经是一个昆虫生态学家，受过系统的生物学训练。转行社会学后，我也经常思考人类行为乃至疾病的生物和社会基础，并且关注着医学、动物行为学、社会生物学以及和人类进化与人类行为有关的各种研究和进展。大多数社会科学家都会努力和艰难地在两种极端观念之间找平衡。

　　第一种可以简称为遗传决定论。这类观念在传统社会十分盛行。在任何传统社会，显赫的地位一般都会被论证为来自高贵的血统。在当代社会，虽然各种遗传决定论的观点在社会上广泛存在，但从总体上来说，遗传决定论的观点不会像在传统社会一样占据主宰地位，并且因为种族主义思想的式微，它们常常被视为政治不正确。与遗传决定论观念相对的是文化决定论，或者说白板理论。白板理论的核心思想是人生来相似，因此也生来平等，不同个体和群体在行为上的差别都来自社会结构或文化上的差别。白板理论有其宗教基础，但是作为一个世俗理论它起源于 17 世纪。白板理论是自由主义思想，同时也是马克思主义和其他左派社会主义思想的基础。白板理论对于追求解放的社会下层具有很大的吸引力，因此具有一定的革命意义。但是，至少从个体层面来看，人与人之间在遗传上的差别还是非常明显的。当然，除了一些严重的遗传疾病外，绝大多数遗传差异体现的只是不同个体在有限程度上的各自特色而已，但这差别却构成了人类基因和基因表达的多样性的基础，大大增进了人类作为一个物种在地球上的总体生存能力。可是，如果我们在教育、医疗乃至体育训练方式等方面完全忽视不同个体或群体在遗传特性上的差别，这仍然会带来一些误区。更明确地说，白板理论本是一个追求平等的革命理论，但因为它漠视了个体之间与群体之间在遗传上的各种差别，反而会将某些个体和群体，尤其是一些在社会上处于边缘地位的个体和群体置于不利的位置。

我们很难通过动物行为学知识来准确地确定大多数人类个体行为的生物学基础。个体行为的生物学基础很复杂。从个体行为或疾病和基因关系的角度来讲，很少有某一种行为或疾病是由单一基因决定的。此外，虽然某些基因与人类的某些行为或疾病有着很强的对应关系，但是这些基因在人体内不见得会表达，并且有些基因的表达与否与个体的社会行为有着不同程度的关联。但是，动物行为学知识仍然可以为我们提供一些统计意义上的规律。比如，吸烟肯定是社会行为，但是具有某些遗传因子的人更容易对尼古丁形成依赖；战争也肯定是社会行为，但是男性更容易接受甚至崇拜战争暴力。动物行为学知识还能反过来加深我们对文化的力量的理解。比如，人类的饮食行为和性行为明显来源于动物的取食和交配行为，但是任何动物都不会像人类一样发展出复杂的甚至可以说是千奇百怪的饮食文化和性文化。总之，动物行为学知识有助于我们深入了解人类行为的生物学基础，以及文化行为和本能行为之间的复杂关系。

与其他动物相似，在面对生存、繁殖等基本问题时，人类发展出了一套应对策略，其中大量的应对策略与其他动物的应对"策略"

有着不同程度的相似。正因此，动物行为学知识可以为我们提供类比的素材，能为我们考察人类社会的各种规律提供启发。比如，在环境压力下，动物有两种生存策略：R 策略和 K 策略[*]。R 策略动物对环境的改变十分敏感，它的基本生存策略是：大量繁殖子代，但是对子代的投入却很少。因此，R 策略动物产出的子代往往体积微小，它们不会保护产出的子代。R 策略动物在环境适宜时会大量增多，但是在环境不适宜时，它的种群规模和密度就会大幅缩减。K 策略动物则能更好地适应环境变化。它们产出的子代不多，但是个体都比较大，它们会保护甚至抚育子代。K 策略动物的另一个特点是它的种群密度比较稳定，或者说会稳定在某一环境对该种群的承载量上下。简单来说，R 策略动物都是机会主义动物——见好就长、有缝就钻、不好就收；K 策略动物则是一类追求稳定、有能力控制环境，并且对将来有所"预期"的动物。

我想通过一个具体例子来简要介绍一下 R 策略和 K 策略行为在人类社会中的体现：假冒伪劣产品和各种行骗行为在改革开放初期很长一段时间内充斥着中国市场。对于这一现象，学者们一般会认为这是中国的传统美德在"文革"中遭受了严重破坏所致。其实，改革开放初期"下海"的人本钱都很小，但他们所面对的却是十分不健全的法律体系、天真的消费者、无处不在的商机以及多变且难

---

[*] 这里的 R（Rate 的首字母）实际含义是谋求尽可能大的出生率，因此，生物学意义上的"R 策略"可以简要意译为"多生不养护策略"。K 是德语词 Kapazitätsgrenze（相当于英语中的 Capacity limit）的首字母，其实际含义是"（考虑环境对种群的承受力，）将出生率和种群规模及密度控制在环境可承受（即资源可支持）的范围内"；因此，生物学意义上的"K 策略"可以简要意译为"少生多养护策略"。为了适应讨论类似的社会现象的需要，社会学者们在使用表示这两种策略的术语时，可能会在其生物学意义的基础上对其含义有所拓展或改变，这是读者应该注意并仔细辨析的。——主编注

以预期的政治和商业环境。在这些条件下，各种追求短期赢利效果的机会主义行为（R策略）就成了优势行为。但是，一旦法律发展得比较健全，政治和商业环境的可预期性提高，消费者变得精明，公司和企业的规模增大和控制环境能力增强，这些公司和企业的管理层就会产生长远预期。在这种时候，追求稳定环境的K策略就成了具有优势的市场行为。这就是为什么通过假冒伪劣产品和各种行骗手段致富的行为在改革开放初期十分普遍，但是在今天，各类公司和企业越来越倾向于通过新的技术、高质量的产品、优良的服务、各种提高商业影响的手段甚至各种垄断行为来稳固和扩大利润。能从改革开放初期一直延续至今并且还能不断发展的中国公司有一个共同点，那就是它们都经过了一个从早期的不讲质量只图发展的R策略公司到讲质量图长期回报的K策略公司的转变。中国公司或企业的R—K转型的成功与否及其成功背后的原因，是一个特别值得研究的课题，却很少有人对此做系统研究。

以上的例子还告诉我们，一个动物物种的性质（即它是R策略动物还是K策略动物）是由遗传所决定的，基本上不会改变。但是公司或企业采取的R策略和K策略却是人为的策略，因此能有较快的转变。更广义地说，动物行为的形成和改变主要是由具有较大随机性的基因突变和环境选择共同决定的，因此动物行为具有很强的稳定性。与之对比，人类行为的形成和改变则主要由"用进废退、获得性状遗传"这一正反馈性质的拉马克机制决定。*

通过以上的例子，我还想说明，虽然动物行为学能为我们理解人

---

* 近几十年生物学的研究发现，基因突变与环境会有有限的互动，或者说基因突变也有着一定程度的拉马克特性。

　　　　　　　　　　　　　　　　　　　动物们的生存艺术

类社会中各种复杂现象提供大量的启发，但是类似现象背后的机制却可能是完全不同的：决定生物行为的绝大多数机制都是具有稳定性的负反馈机制，而决定人类行为的大多数机制却具有极不稳定的正反馈性。通过对动物行为机制和人类行为机制的相似和区别的考察，我们不但能更深刻地理解生物演化*和人类文化发展之间的复杂关系，还能更深刻地了解人类文化的不稳定性。具体说就是，任何文化都必须要有制度、资源和权力才能维持和发展。这一常识不但对文化决定论来说是一个有力的批判，也可以使我们多一份谨慎和谦卑。

最后，通过对动物行为学的了解，以及对动物行为和人类行为之异同的比较，我们还能加深对社会科学的特点和难点的理解。比如，功能解释在动物行为学中往往是可行的（例如，动物需要取食就必须有"嘴巴"），但是功能解释在社会科学中往往行不通。大量的社会"存在"，其背后既可能是统治者的意愿，也可能是社会功能上的需要，更可能是两者皆有。再比如，我们对于某一动物行为机制的了解并不会在任何意义上改变该机制本身的作用和作用方式。但是，一旦我们了解了某一人类行为背后的规律，该规律的作用和作用方式很可能会发生重大变化。关于诸如此类的区别，笔者在几年前发表的《社会科学研究的困境：从与自然科学的区别谈起》一文中有过系统讨论。此处不再赘述。

---

* 这里的"演化"在赵老师写的《推荐序》原文中用的是"进化"，经赵老师同意后改为"演化"。之所以将"进化"改为"演化"，原因之一是本书系已统一将 Evolution 译为"演化"，但更重要的原因是为了避免"进化"一词所具有的误导作用。Evolution 的完整含义不仅包括正向的演化即进化，也包括反向的演化即退化，还包括（在环境不变的情况下）长期的停滞（既不进化也不退化）。将 Evolution 译为"进化"，只是表达了其上述三方面含义中的一个方面，更严重的问题是：它会使未深入学习过演化论的人误以为任何生物的演变都只有一个方向，误以为生物（乃至社会）都是从简单到复杂、从低级到高级单向变化的。——主编注

我常常对自己的学生说，要做一个优秀的社会学家，除了具备文本、田野、量化技术等基本功，具备捕捉和解释差异性社会现象的能力外，还必须学会在动态的叙事中同时玩好"七张牌"，并熟悉与社会学最为相关的三个基础性学科。这"七张牌"分别是：政治权力、军事权力、经济权力、意识形态权力的特性，以及环境、人口、技术对社会的影响。三个基础性学科则是：微观社会学、社会心理学、动物行为学（特别是社会动物的行为学）。从这个意义上来说，一个合格的社会科学家必须具备一定的动物行为学知识，并且对动物行为和人类行为之间的联系和差异有着基本常识和一定程度的思考。

前段时间，我翻看了尤瓦尔·赫拉利所著的《人类简史》。这是一本世界级畅销书，受到了奥巴马和比尔·盖茨这个级别的名人的推荐。但我发觉整本书在生物学、动物行为学、古人类学、考古学、历史学、社会学、现代科技的知识方面有一些似是而非、不够严谨之处。如果读者对以上学科有着广泛的认识，便可以看出书中的问题。从这个意义上来说，我非常希望我的同事赵芊里主持翻译的这套动物行为学丛书能在社会上产生影响，甚至能成为大学生的通识读物。我希望我们的读者能把这套书中的一些观点和分析方法转变成自己的常识，同时又能够以审视的态度来把握其中有待进一步发展和修正的观点，来品悟价值观如何影响了学者们在研究动物行为时的问题意识和结论，来体察当代动物行为学的亮点和可能的误区。

是为序。

赵鼎新

美国芝加哥大学社会学系、中国浙江大学社会学系

2019-9-26

引言

　　人脑是最高明的创造——至少我们是这么认为的。在遥远的原始时期，人脑仅为人的生存服务，人在很多方面是弱势的：人的肌肉力量远不如任何一种形体大于自己的食肉动物，人的身体如鼻涕虫（蛞蝓）般易受伤，人的奔跑速度甚至无法让人逃脱猛犬或家猫的追赶，人的攀爬速度令其简直无法被称为猿类。要是没有人脑这个奇迹，人类早就绝迹于地球了。

　　但不仅仅是我们人，世界上的其他六百万种动物也和人类及其祖先一样，亿万年来都在不断为生存而努力。它们之所以繁衍至今，也是因为它们具有种种特质、特殊的本领和卓越的技艺。这恩赐帮助着它们存活，这是一项伟大的创造，它堪比我们人类的中枢神经系统——它无论如何都是独一无二的，它令人惊叹与艳羡，但又与我们人类的 140 亿灰色脑细胞不尽相同。

　　本书将近百种上述特质呈现在读者面前。

　　捕食者与猎物之间最原始的法则并非本书讨论的对象，它是对自然现象的错误阐释，可惜却已然发展成了一种世界观。自然的伟大创造既不粗野也不血腥，在现实意义上，它是有益的，它保障着生命。

它甚至还涵盖了互助、友谊、合作和救生等元素。我们人类如果能用我们的理智去理解这些生存策略就好了。但这并不是说我们应该从这些所谓"愚蠢"的动物身上学些什么,而是应该去学习那些让生物得以生存的自然法则。

大自然为动物生存而造的众多天赋之一,便是奇妙的美。

第一章

天赋之美

用斑斓的色彩守护幼鸟——红鹮

红鹮是世界上最美丽的鸟类之一。它向学界抛出了一个至今未解的谜团：它为何能如此之美？

它栖息在委内瑞拉及巴西大西洋沿岸靠水的红色灌木丛中，在那儿没有什么颜色能比红鹮那鲜红的羽毛更加醒目，更能吸引敌害的注意力。若种群中的数千只红鹮在余晖中聚拢，那么，从远处透过灰棕绿色的树枝看，便好似一地荷兰郁金香。

也许红鹮羽毛那艳丽的色彩是一种取代伪装色的警戒色？但是这种飞禽中的美少年既不像鲜红的三色蛇或黄黑条纹的黄蜂那样带有毒素，也没有令人不适的气味。相反，它的肉被奉为美食。那么，它在向它的敌人警告什么呢？将它同火烈鸟或锦鸡做对比也不恰当，因为火烈鸟或锦鸡只有雄性身披华美的衣裳，而雌性则穿着朴素，这身"衣服"既是工装，又起伪装之用。但在红鹮的世界中，就羽色夺目之美而言，两性是完全平等的。它们本来会因羽色艳丽而被视为致命的诱敌之鸟，因而必须远离自己的蛋与雏鸟，但红鹮双亲却与自己的孩子们保持着密切关系。虽然如此，红鹮与具有相近羽色的火烈鸟一样，并未被其敌害灭绝。其原因何在呢？因为它堪称谨慎小心的典范，并掌握着完美的防御技能。

在沼泽红树林中，几乎没有令红鹮胆怯的地上天敌。所有的哺乳动物和蛇类都不会对它们造成威胁，但掠食鸟类仍有可能从高处发起攻击。不少红鹮会在它们的领地上方用树枝搭起一个穹顶，以预防攻击。但尽管如此，还是会有一些强盗偷偷潜入它们的营地。

为了抵御这些盗贼，红鹮有一种特别的育儿方式。雏鸟在三周大的时候会离开鸟巢。一旦离开父母，这些蓝粉色、白棕色的幼鸟便在低处的灌木丛中聚集，数量可多达数百只。与此同时，它们的父母以可容纳同等数量的幼鸟的规模在其上方搭起一顶飘扬的红"盖头"，用它们的合作行为奋力地保护后代。

所以，红鹮身上鲜亮的红色应该也是一种警戒色，它在警告敌人：别想在这儿找到一丁点儿机会！

动物们的生存艺术

从痛苦中蜕变的凤尾绿咬鹃

　　一只鸽子般大小的小鸟绅士，拖着一条由四根长度可达 1.3 米的尾羽所制成的长裙，这是世界上最美丽的鸟之一，它是如何在不损伤其华美羽毛的情况下，在狭小的树洞中帮助抚育期的雌鸟的呢？这是有关美洲凤尾绿咬鹃的一个令人不解的问题。

　　这种危地马拉的纹章之鸟曾在（14—16 世纪中美洲古国）阿兹特克文化中享有神圣的地位。

　　危地马拉的印第安人坚信，凤尾绿咬鹃在巢穴中为自己雕制了一个后门，当它们把头探入洞中时便可以把尾羽放置其中。而哥斯达黎加的印第安人则认为，雄凤尾绿咬鹃不同于短羽的雌鹃以及其他所有鸟类，它们在喂食后代时只把脑袋深入洞中，尾羽是留在洞外的——但是，这其实相当于自杀行为！

　　实际上，凤尾绿咬鹃的洞穴只有一个入口。小个头的雄性凤尾绿咬鹃在繁育期间表现得并不特别，它也是将头朝向外部的。不过，它得将自己一米多长的尾羽在洞内翻折 180 度，以使自己的尾端总是紧贴头部、露出洞外。

　　因其巢穴难以寻觅，这个关于凤尾绿咬鹃尾羽的谜题直至 1975 年才解开。它们在离地 10 米至 20 米的高处筑巢——常常还是在云雾笼罩的森林中，而且，凤尾绿咬鹃的数量极其稀少。

尽管雄性凤尾绿咬鹃掌握着折叠尾羽的小窍门，林中狭小的空间仍然让它们的美丽饱受摧残。有时，凤尾绿咬鹃先生会不慎将它的"皇冠的一角"折断。但这并不算太糟，毕竟它早已博得了妻子的芳心，而且在来年的春天它又会披上一件新装。另外，帮助自己的伴侣抚育孩子远比保护自己的美貌更重要。

而凤尾绿咬鹃的这种做法，在拥有美丽外表的雄性动物中极其少见。外表美丽的雄性动物大多逃避家庭或育儿工作，比如天堂鸟。对此，大自然给出的理由是：外表华美出众的雄性容易引起天敌的注意，并会因此将身边的妻儿置于危险的境地之中。那么，难道雄凤尾绿咬鹃不会引发这样的悲剧吗？

答案是：不会。因为它头部、背部和尾部的绿色羽毛虽然华丽，但这种绿色与它身上别处羽毛的色彩一样，只有在强烈的阳光下才显得亮丽。当我们在热带原始森林的阴处看到它时，它的羽色其实是棕色的，而棕色是一种伪装色。层层叠叠超薄透明的羽毛表层使雄凤尾绿咬鹃的羽毛呈现出具有金属光泽的彩虹色——正如它的远亲蜂鸟一样。

求偶期的雄凤尾绿咬鹃会热情洋溢地歌唱，甚至能把云雀比下去。它哼着歌、旋转着冲向 30 米高的大树，到达树梢后再度啪啪地挥摆着尾羽向雨林俯冲，在千钧一发之时稍稍一转。而后，这一色彩的魔法表演谢幕，鸟儿安然无恙。

正是上述原因让这种"美男子"拥有长久的婚姻。也因为这样，雌凤尾绿咬鹃得以拥有不逊于雄鹃的美貌——只不过它们少了那长长的尾羽罢了。

动物们的生存艺术

鸟中贵族——蓝凤冠鸠

　　在新几内亚猎头族生活的岛上，在蟒蛇和小型蜥蜴出没的丛林腹地中，鸟儿们造就了一个醉人的美丽世界。天堂鸟因其绚丽的长尾羽显得光彩夺目，园丁鸟用精美的小物品装饰它的爱巢，还有棕榈凤头鹦鹉、普通鹦鹉、犀鸟以及大型鸟类食火鸡都属于最美的带羽毛的动物。

　　能与它们相媲美的还有蓝凤冠鸠和维多利亚凤冠鸠，它们也足以进入鸟之贵族的行列。它们长约 80 厘米，重约 5 磅 *，属于鸽形目中的巨型品种。

　　更值得注意的是，这些鸠种中并非只有雄鸠有着冠状羽毛，并因此趾高气扬——雌鸠也同样美丽。

　　这就意味着在求偶季节，如果"先生"想用自己的羽毛来吸引"女士"的目光，并使其选择它作为伴侣，那么雄鸠必须付出巨大的努力。在这儿，像我们人养的雄家鸽和雄信鸽那样鼓起胸脯的做法只是徒劳。相反，在维多利亚凤冠鸠中，准新郎必须展现出相当特别的东西——被人类称为鞠躬求偶的技能——才能获得雌鸠的

---

* 　1 磅约为 0.454 千克。——编者注

青睐。德国柏林的鸟类学家海因茨 - 西格德·雷特尔（Heinz-Sigurd Raethel）博士这样描述道：当有一只雌鸠走近雄鸠并观察它时，雄维多利亚凤冠鸠便将高高竖起的尾羽展开成扇状。它用力地将翅膀向两侧伸展，并将头部深深下压，使喙触及颈部。这样，它就可以将自己的羽冠如同花束一般呈现在雌鸠面前了。

雄维多利亚凤冠鸠就这样用一种宫廷式的顺从姿态在"姑娘"的身边绕圈，直到女方也开始绕着它转，以示接受求爱。此时，雄鸠用力地向上挥动翅膀，并继续跳着它的圈圈舞。它的双翅就如同两面飘扬的旗帜。

最后，雌鸠也抬起它的翅膀，微微下蹲，用喙咬住对方的喙不放。这意思大概可以理解为："我会因为太爱你而想吃掉你哦！"而后，双方将永不分离。

维多利亚凤冠鸠极其热爱和平，夫妻之间和谐的婚姻还表现在双方从不互相作对——当然就更别说是在一些反常或绝望的境况中了。一对生活在动物园里的狭窄鸟舍中的凤冠鸠小夫妻向我们展现了这一点。

它们沿袭了家族的传统，由雄鸠收集各类枝条及其他筑巢的材料，供它的配偶建造它们的繁育之巢。在动物园的鸟舍里，雌鸠只能找到一根单杠筑巢，放在上面的小枝条很快就会掉落下来。

但它还是不懈地摆弄那些丈夫衔来的原材料，从早到晚，直面挑战。它一次又一次地尝试完成它的编织作品，却徒劳无功。这样的情况持续了多日。

最终，一位饲养员为它们装上了一处固定支架。自此，一切都进行得井井有条：筑巢、育儿，以及和睦的婚姻。

美丽挽救生命——火烈鸟

当数十万乃至上百万的火烈鸟（红鹳）聚集在东非一个盐碱湖的盐壳上繁衍时，那是一场粉色与蓝色的狂欢。人们不禁会问：自然也会创造过分艳丽的造物吗？可是，自然本身只会考虑合理性，并通过红鹳昭示：童话般的美丽也可以保护生命。

火烈鸟栖息的这片地域对所有其他动物而言都是致命的，那里是饱含腐蚀性碱液的盐碱湖。在刺人的盐湖浅水中，火烈鸟腿上长长的羽毛"筒袜"起着保护作用，而它们的天敌也到不了这里。

就连掠食性鸟类也几乎不会攻击这片领地，因为反倒是它们自己会被一群红鹳拽入要命的盐水之中。连鱼都无法在此生存，因此，鱼儿们也将大片蓝藻和丰年虾让给了这群粉色的俊男靓女。

所以，火烈鸟的祸福与能否找到一片当前能为它们提供理想食物的盐湖紧密相关，盐湖是它们的营养源泉和繁育场所。此外，火烈鸟生活得好坏还与该地区此前的降雨量有关。

天气是它们唯一的敌人。面对恶劣的天气，身着羽毛衣裳的优雅女士和先生们得担惊受怕了，因为暴雨会冲走树桩般大小的巢，连同里头的鸟蛋。暴风与大浪也会造成同样的后果。

另外，干旱会造成湖水平面下降，并由此造成水中盐浓度的改变。幼鸟若在水中长久站立，其腿部会结上一层厚厚的盐霜。盐霜的重量逐渐增加，雏鸟便很可能不慎摔跤，跌入水中，并因此丧命。另一种可能是，湖水完全干涸，使天敌得以入内，在火烈鸟的繁育集群中展开一场大屠杀。

找到一片适合的水域对这种寿命可达 80 岁的鸟类而言是性命攸关的。我们常常能够看见上万只火烈鸟聚集在一片湖中，但次日清晨，它们又不见踪影。这意味着该地域没有通过它们的宜居性审核。

陆地与海洋上的距离对火烈鸟来说并不是什么问题。数百万只火烈鸟每年都会从印度远渡重洋前往东非。它们建立了高覆盖率的空中侦察网络，以保证每年都能找到最佳的繁育地。

在非洲，火烈鸟只有在夜间才会进行长距离的迁徙，因为在白天它们会遭遇无数掠食性鸟类的空袭。因此，它们必须在黑暗中从高空识别哪片湖中已有多少它们的同类站在那里，并考察水域的安全性，然后由此决定是降落还是继续飞行。

假如火烈鸟拥有传统意义上完美的伪装色，那么，它们也就无法完成自身的任务，即为它们的同类在夜晚充当灯塔。当然，火烈鸟原本就不需要保护色。其他动物会因为夺目的美貌暴露了自己而死，可火烈鸟不会这样，相反，它们的美羽是告诉同伴可以停留的信号。

原始丛林地狱中的伊甸园——极乐鸟

哪怕是动物中的美艳翘楚在极乐鸟跟前也不敢夸耀半分。雄极乐鸟的羽毛原本就似广告招贴画那样色彩艳丽，在灰褐色的雌性面前，它们还会展开眼周毛羽、背羽、翅膀以及尾羽夸示自己。它们将身体向上伸直，跳起环形舞蹈，抖动它们所立的树枝，或将自己的脑袋朝下，来回晃动。有的雄极乐鸟展羽时就像一朵兰花，有的则来回张开它们五彩的尾羽，上下扇动颈下羽毛或是呈盾形的彩色背羽。

但就是在极乐鸟中也有业余的"初学者"，比如冠极乐鸟、绿辉极乐鸟和号声极乐鸟。它们都相当不起眼，但出身却无可否认，都有着鸣声相似的祖先。在这类极乐鸟中，不论雌雄都身着素色的伪装服，羽色区别甚微。也正因如此，夫妻双方才能在婚后长相厮守、共同抚育后代。

在雄鸟羽色华美而雌鸟羽色朴素的情况下，"雌性才有择偶权"是常态。也就是说，雌鸟为自己选择最美丽的伴侣，而雄鸟则没有任何发言权。雄鸟唯一能做的就是养护它华丽的饰羽，以使情敌黯然失色。

为了吸引异性，炫示美羽的雄极乐鸟可谓是举行了一场色形俱美的大型表演。不过，这样做有时也会招来天敌——这可不在计划之内。因此，美丽的雄鸟又因可能给妻儿与爱巢带来暴露的危险而不适合结婚。"美男"质朴的妻子不得不独自完成喂养、温暖以及保护孩子的任务。

极乐鸟"先生们"则开始了正式的选美比赛。它们在新几内亚腹地的一处"竞技场"上聚集，争奇斗艳。

比赛由腼腆的十二线极乐鸟揭开帷幕。它的羽饰已经相当丰富了：它的躯干像是一个柠檬黄的暖手筒，后端可见棕色的尾巴，前部有黑黑的脑袋。颈处有一圈较粗的蓝绿色的闪亮浓毛，其边缘处还镶有翠绿色的羽毛。这位"皇室总管"在拂晓时分爬上一棵高耸于丛林的树木顶端，而后开始它的表演。不过每只雄鸟都会彼此间隔数百米的距离。

大极乐鸟则像一场童话般的金丝雨，羽毛闪烁而细密，笼罩在一层雪白、轻透的薄纱之中。没人能在这里立马说出谁是全岛最美的生灵。同样，雌极乐鸟也很难做出判断。所以，为了能更好地对比身上的羽饰，这里的雄鸟都挨得很近。

对，还不止如此呢。一旦有成年雄鸟兴奋地摇晃并在树枝间跳跃，开始夸示自己，便会有一群年少的鸟聚拢过来。它们的羽毛还远没有长好，但这些小学徒仍旧努力地跳起优雅的舞步，希冀与前辈跳得一样好。它们还想学摆造型呢！

奇怪的是，这出表演总在日出之前上演。极乐鸟的做法显得极为矛盾：一方面，为了变美、吸引异性，雄鸟长出越发鲜艳、对比度强烈的颜色来装扮自己。而一旦拥有了艳丽的羽毛后，它们又很低调：它们不在阳光下舞蹈，而是将表演放在清晨，或将地点选在

动物们的生存艺术

灌木丛中或是树冠下的暗处。

丛林中的食肉动物就像地狱之兽般引起极乐鸟的万分恐慌。这就造成了一种恶性循环：因为极乐鸟只敢在黎明的微光中舞蹈，它们必须不断地变美，变得更多彩、更艳丽，以在雌鸟那里达到想要的效果。可是，这如童话般的美丽却永不可能达到理想的效果。

羽色缤纷的华美极乐鸟、蓝极乐鸟或是六线风鸟属的鸟儿为这一困境找到了一条出路。在原始森林的地面上表演之前，这三种雄极乐鸟会花大量的时间清理树叶、香草、灌木以及各种垃圾。它们还会摘除小小艺术舞台上方圆筒形空域内树枝上的所有叶子。它们的舞蹈天井直径有五至七米，深度可达十米。正午时分，太阳就像舞台上的聚光灯一样，将光线正正地打在"明星"身上。若有敌害靠近，极乐鸟就会在几秒钟内快速冲进四周浓密的灌木丛中，那样马上就安全了。

值得注意的是，在必要时这些鸟儿会放弃利用阳光照亮自己的手法，像那些没有此项创造、只能在清晨朦胧的微光中舞蹈的鸟类一样披上华丽的羽色。精明的行为方式使它们不必陷入无休止地追求越发多彩的羽毛的时尚潮流之中。

不过，红极乐鸟因此而达到了华美的顶峰。单只雄红极乐鸟具有的红、黄、绿、棕、黑色的颊羽、翼羽和尾羽便已构成了一道醉人的色彩瀑布。这景色还会叠加：多达四十个此起彼伏的身影会在单棵树的枝头上演一出精彩绝伦的"芭蕾"表演。在紧凑的类似于波兰舞曲的节奏中，它们沿着由枝权交错而成的小道舞蹈，忽地全体驻足，然后用它们似火的毛羽的华丽褶裥给他者留下深刻的印象。

又小又丑的雌鸟时常可以近乎永无止境地观赏这场演出，而不表露出哪怕一丝一毫的兴趣。相反，它们表现得犹如早已看厌了雄鸟的羽扇。为了使最终有一只雌鸟放下身段而表现出兴趣，美丽的先生们必须拼命努力。

雌鸟的浪漫使它们不会根据力量与体形选择伴侣，而是光看羽毛的美艳程度。其实，这种美丽完全没有吸引异性之外的实际用处，反而使其更易遭受危害，且无益于生存竞争。

雄鸟不怕被敌人发现，保留着异性渴望看到的缤纷色彩，不怕辛苦，一辈子都拖着完全不利于飞行及其他任何举动的尾羽，虽然这也彰显了生命的卓越，不过有朝一日，这种演变必将使物种触及死亡之界。正如康拉德·洛伦茨（Konrad Lorenz）教授所形容的，那是一种"面向毁灭的演化"。

我们不知道现实中是否曾有一些种类的极乐鸟出于这种原因或者说是因为自身的过失而灭绝。这是有可能的。但美国教授托马斯·格里亚尔（Thomas Gilliard）发现了另外一种演变方向。这种倾向在上文提到的造天井的极乐鸟身上已经有所体现：特别的行为方式使特别的羽饰产生退化。

既然那些雄性天井造匠已经被驱使承担起了一项浩大的工程（例如摘去 300 立方米的丛林灌木叶），那么，更多的工作将会带来更大的成就。

类似的情况也发生在极乐鸟的近亲园丁鸟身上。它们用建筑和装饰物来美化它们的求偶舞台。它们借助华美的舞台效果来吸引异性，这样，它们自己就又能披上一件完全不起眼的伪装服了。

摆脱物种覆灭结局的出路就这样找到了。但我们不知道应该钦佩极乐鸟的美貌还是自然的智慧。

目光生魅的红腹锦鸡

它的头部与图坦卡蒙法老面具惊人地相似。它的线状羽冠和华美颈部所披覆的亮金色与深蓝色横纹的搭配，其和谐可谓精妙绝伦。

尽管如此，雄红腹锦鸡并不像许多人认为的那样是人工繁育的变种产物，其实它是大自然创造的特等精品。它美丽的羽毛曾是古代中国官员服饰上的装饰物。

在求偶季节，雄鸡会试图用眼睛的"魔力"去迷倒雌鸡。雄孔雀用它们那梦幻般美丽的尾羽上的上百只"眼睛"去影响挑剔的"女士们"，雄红腹锦鸡则不同，它仅靠自己那两只可以变得巨大的眼睛去"降伏"异性。

相亲时，它将带有金色与深蓝色条纹的后颈羽毛向前展开，盖住喙部，只有眼睛正好透过那东方式的面纱向外望去。少顷，这些条纹羽毛也呈半圆状，将眼睛挡住，强行将逐渐靠近的雌鸡的目光转移到这个"魅力器官"之上。

那些眼睛遮盖效果最好的雄鸡特别受到择偶的"女士们"的青睐。不过，此时，它们有着和极乐鸟、松鸡、黑琴鸡、流苏鹬、草原鸡䴉、岩鸡等鸟中"美男子"完全不同的习俗。那些"先生"不忠于它们的妻子，也不会考虑为自己的孩子做些什么，而红腹锦鸡至少在孵蛋和育雏期间会实行一夫一妻制。

这是否打破了一种自然规律呢？身披金色和鲜红羽毛的美丽雄鸡会因其容易吸引天敌的相貌而将妻子与12—16个孩子的生命置于险境吗？（这是"美丽的雄性动物"不忠于婚姻的生物原因。）

问题的答案蕴藏于红腹锦鸡在其故乡的生活习性中。它最早栖息于中国中部陡峭山谷中的杜鹃花丛与竹林间，人类几乎难以到达那里。这里的植物如此茂密，以至于锦鸡夫妇总能及时凭听觉发现敌人。然后，雄鸡就会悄悄地离开鸡窝，突然间，像一个闪动的彩色幽灵般出现在敌手眼前，并诱骗其远离鸡窝。如专家所说，正是因为它美艳夺目，它的诱骗效果显得特别好。

这也是欧洲曾引进环颈雉而非更漂亮的红腹锦鸡作为狩猎物种的一个原因。我们的森林光线更加充足，红腹锦鸡就会十分注意将自己保持在隐蔽处，以致猎人几乎无法看见它们。但这种鸟容易因其醒目的鲜艳色彩而被狐狸和貂鼠发现并消灭。

在人类的养护下，红腹锦鸡会很快地变得温顺，也因此很容易圈养在鸡舍和花园中。如今，这种鸟更多地生活在公园和养殖场里，而非大自然中。此外，它们还十分温顺，总体而言并不好斗。

动物们的生存艺术

鲜艳色彩是致命剧毒的信号——箭毒蛙

它们身长约 3 厘米，完全就是袖珍体形；它们身着橙红色外衣，看起来也十分可爱。不过这种动物可具有相当多的毒素，可以在短短几秒内致 50 人于死地。这就是箭毒蛙。

两栖动物的致命液体通常是单纯的防御武器。只有在受到敌方惊吓时，位于后背皮肤中的腺体才会产生夺命液体。没有经验的食肉动物若无知地将箭毒蛙放入口中，片刻就会有一种灼烧、恶心的感觉。它们会立即将其受害者吐出，而这时箭毒蛙通常还是活的。哪怕食肉动物的上颚只有很小的伤口或仅有轻微牙龈出血，它也会很快因心脏衰竭而死。至于那些逃脱过一次箭毒蛙带来的险境的动物，它们再也不会接触此类青蛙了。所以两栖动物醒目鲜艳的肤色是一种警戒色："你若吃了我，必将自取灭亡！"

这也是动物的夺目美艳之色要达成的另一个目的：它通过象征毒素的鲜艳色彩向侵犯者警示极速的死亡，以此让自身不受打扰。

南美洲西北地区的乔洛人（Chocö-Indio）以前用网来捕捉箭毒蛙，将它们放在高处的竹芯中，饲以蝇类并避免用手与它们接触。当他们需要毒液时，就将蛙刺死，然后放在火上烘烤，这样毒液就析出了白色的粉末。

这种毒素被涂抹在箭头上。用一只箭毒蛙的毒液析出的粉末可以涂抹 50 支箭。一旦抹上，毒效可以保持一年。

1979 年，在哥伦比亚城市卡利的西面，有人发现了箭毒蛙家族中最毒的种类，并将之命名为黄金箭毒蛙。这种动物不断地分泌毒液，即使是在未受惊吓之时也是如此。印第安人将其作为宠物饲养，时不时地在不杀死箭毒蛙的情况下将他们的吹箭箭头放在其身上摩擦。

0.002 毫克这种毒素便足以夺去一个人的性命。但在丛林中生活着一些蛇类和狼蛛，它们是整个动物世界中仅有的对这种可怕的毒素具有免疫能力且能将箭毒蛙吃掉的动物。但说来也怪，箭毒蛙对自己的毒素也无法免疫。在交配期，当箭毒蛙社会瓦解、每只雄蛙为守卫领地而防御敌手时，激战就会拉开帷幕。但这些动物并不会互相抓咬，而是笔直站着进行一场不流血的摔跤比赛，这比赛是由推搡定胜负的。

小雌蛙不会像老辈箭毒蛙那样将卵产在池塘或池沼中，因为在丛林中几乎没有这样的场地。它们将充满雨水的壶状叶子、卷起的叶片、树洞和岩石裂缝选作孩子的摇篮。

若干蝌蚪生活在这些迷你"池塘"中，它们在缺乏食物的情况下以自相残杀的方式来获取营养，直到只剩一名兄弟或姐妹存活下来。

有一种箭毒蛙的雌蛙在每个叶片中只产一粒卵。为了孩子也能够找到食物，妈妈每三天来探望一次，并在潮湿的穴中产下未受精的卵。有了这些被当作"早餐"的卵，箭毒蛙宝宝就足以活到能够溜出叶片、独立生活的时候了。

　　　　　　　　　　　　　　　　动物们的生存艺术

隐形的攻与防——伪装与警戒色

红外夜视枪是一种可怕的现代武器。当一个士兵在黑暗的保护下毫无戒备地自由移动时，敌人用隐形的红外光对向他，瞄准并将其射杀。不过这并不是人类发明的，海洋生物学家现在发现，这是深海食肉鱼的专利。

就好像人类看不见红外线一样，几乎所有的深海鱼类也是红色色盲，只有刚才提到的食肉鱼除外。此外，它还拥有深红色的探照灯，即发光器官。它靠这个器官发送闪光，隐藏自己，也靠它发现并猎取隐蔽之物——或许这是动物王国中最完美的隐身魔法！

但还有许多其他生物将隐身当成了能更方便地捕食他者或者不让自己落入他者之口的方法，它们大多是伪装艺术家。

例如，须鲨有着类似岩石的斑点皮肤和"残破"的鳍。当它一动不动地趴在珊瑚上时，便难以辨认。但不小心碰到它的鱼、蟹和潜水者可就惨了，鲨鱼的嘴就像一个带铁夹的陷阱，会咔嚓一下快速将触犯者咬住。

蟹蛛也以类似的方式潜伏在花朵上，以突袭和捕食蜜蜂以及其他采蜜者。若花朵枯败，蜘蛛们就开始向下一朵花进军。它们大概需要两天时间来不停地变化身体颜色，直至适应新的花色，将自己隐藏起来。

为了纯粹的攻击目的，上千种昆虫为自己披上了一件隐身衣。例如，在南非的一片石漠里居住着一种蟾蜍蝉，只有当人不小心踩到它们时，才能将其与周围无数的石英岩区分开来，它们会发出和蟾蜍一样的叫声。

不同的螳螂会利用其不平整的彩色外衣来模仿兰花，正如所谓的小魔花螳螂。它们自己则坐在"花朵"的正中间，对敌害而言就像隐身了一样。蜜蜂和其他来访的客人只有当致命的美丽猎食之手碰到自己并来不及躲避时，才会发觉这种螳螂。这魔鬼般的行为是动物王国中会出现这般华丽样貌的又一个原因。

我们还知道有貌似树叶上的鸟屎的蛾类、像背着巨刺的角蝉，还有看起来像青苔的灌丛蟋蟀，它们成天只待在长满青苔的树干上。它们并非通过不停更换外衣来伪装自己，而是只待在那些能伪装它们的地方。

叶草蜢，也被称为变化的树叶。正如其名，它看起来就像树叶一样。不过奇怪的是，早在3亿年前叶草蜢便出现了，而那时的地球上还只有针叶树。它们一定足足等了1.5亿年，才有机会演化得可以用树叶来伪装自己。在那之前它必须用其他的方式保全生命。

那么这种伪装的效果如何呢？无数物种就模仿"树叶"这个主题给出了证明。钩粉蝶效仿金黄的秋日枯叶，一种霉棕色的秘鲁森林蝗虫模仿地上的冬日枯叶（也就是它们的生存场所），一种生活在马来西亚的带有彩色花斑的鞍背蝗虫仿照的则是患有霉菌病树叶的样子。同样在马来西亚，一种草蛾的翅膀局部清晰透明，就像即将腐败的叶子。由此可以说，在现实生活中，大自然的创造力可谓无边无际。

用歌唱维系婚姻的北美红雀

在北美，红雀被人们冠以"报春鸟"或"快乐鸟"的美名。当花园里响起红雀动听的哨声时，太阳已做好了消融二月白雪的准备。这时，雄北美红雀已经在努力使自己的妻子沉浸在爱的氛围中。色泽质朴的"女士"在看待事物时则显得更现实一些。雌红雀要到三月中旬才开始歌唱，也就是开春时——至少按照日历算是春日伊始之时。而在它开始唱歌之前，双方还根本不可能谈情说爱。

不过，在那之后，它马上就会表现得像一个忠诚顺服的妻子，精准地唱起丈夫最爱的旋律，完全不同于面对红雀邻居时唱的"充满敌意的国歌"。在唱"国歌"时，它的歌唱与丈夫如此一致，使人无法在歌声中分辨出夫妇双方。它就这样在对抗同类侵略者的歌战中支持着自己的另一半。那些侵略者试图闯入它们数公顷大的地盘。有时，它们唱二重唱，用强音来震撼陌生的独行者；有时，它们交替演唱，精确"补台"，用它们永不疲倦的持久演唱给外来者留下深刻的印象。它们用美丽的歌声同仇敌忾，同时也借此将它们的婚姻维系在一起。

外来者若是碰上这对和睦且默契的小夫妻，估计没有一丝插足的机会，只能到别处再碰碰运气了。

北美红雀如此特别的曼妙歌声也有和平的目的。找物料筑巢是雌性独自承担的工作，在此过程中，"先生"只会作为护花使者在一旁飞行并照料，以防发生不测。但当它的夫人坐在树枝上开始温柔地鸣叫时，它就会马上飞过来，给它喂食。换句话说就是："她"负责繁重的活，而"他"负责餐饮。

　　二者若是紧挨着坐在一起，人们可以利用优质的定向传声器听到它们爱的歌声。这歌声是如此轻柔，轻到人们会说：它们在用耳语说着只关彼此、无关他者的事情。

　　雌北美红雀还独自承担孵化任务。在此过程中，它就让身着红色长袍的"先生"给它喂食。一旦小家伙们破壳而出，家庭图景就发生了改变。一开始，它们还是由双亲喂养的，几天后，雌雀便将所有的育雏任务交给了雄雀。不过，它也完全没有闲着。相反，它又开始建造新的育儿摇篮了。北美红雀一年最多可以繁育五次。

　　另外，它还属于自然界中少数几种不受人类及其文明产物影响的动物。在过去几年中，它们作为歌者与羽色华丽的观赏性园林鸟类而深受喜爱，还被引入了北方。

　　北美红雀一度只生活在美国南部、东部和中部的州中，现在它们的居住地甚至远至加拿大。正是数百万美国人冬天放置的喂鸟器造就了这个小小的奇观。

　　　　　　　　　　　　　　　　　　　　　动物们的生存艺术

动听的歌声有何意义？——动物的语言

当乌鸫在黄昏立于宅畔花园，将它们的情歌哼进春天和煦的空气中，当这悦耳的旋律先忧伤后清脆，伴随着转音与颤音音量渐强，即使是最没有音乐天赋的人也会为这场音乐会着迷。

不过，我们还是想很功利地问：这动听的歌声究竟有什么用呢？家雀用普通的叫声，即叽叽喳喳地鸣叫数小时，便足以与同类沟通了。

德国柏林的动物学教授迪特马·托特（Dietmar Todt）在研究鸟类歌唱的丰富意义时得出了一个惊人的发现：当乌鸫听到熟悉的邻鸟歌唱时，它会在其歌曲库中选出听起来最像邻鸟唱曲的那段去回应对方。这样邻鸟会觉得乌鸫是在跟自己对话。

邻鸟一曲甫毕，乌鸫很快就能回应，这被当作友善的问候。一旦邻居们划好了它们的领土边界，维护睦邻友好关系是双方共同的利益。

通常邻鸟也会以同样的方式做出反应，这就代表着它在回应问候，在说"这里一切都很好"。

不过乌鸫也会在邻近歌手还没唱完的时候就开始应答。它不让对方"唱完"，"打断"它，这其实等同于一个善意的提醒，意思是：

"嘿，听着，你知道吗，你已经很靠近我的私人领地了！"

对方的反应也很神奇。被警告的鸟儿总是立刻就愿意退回自己的领地，就好像它在说："对不起，我是不小心的！"

根据对方歌曲的旋律来确定自己的旋律，为的是告诉对方一些什么，这是乌鸫乐曲动听与多样化的一个原因。第二个原因则是迷惑陌生的领地寻找者。歌者时常会中断自己的独唱，飞向另一座歌塔，并在上面用完全不同的方式发声。新迁来的鸟最先通过声音获取信息，而乌鸫就这样戏弄新来的移民，让它们觉得这一带已经居住了大量的乌鸫，而新来者在此完全没有立锥之地。

这就吓倒了外来者，让它们不敢也移居到此——当然，这种恐吓也是有限的。在现代卫星城中栖居了大量乌鸫的绿地上，这种方法就不再有什么作用了，取而代之的是我们所熟悉的情景：绝望的领土寻找者与土地占有者之间不愉快的打斗。

美国的鸟鸣研究者们以红翅黑鹂为例，发现了这种用不同的歌声来装出居民密度高的方法，并将其称为"博·热斯特效应"（Beau Geste effect）。这名字来源于一位西方英雄。他将大批己方的尸体倚靠在防卫墙上，使不断接近的敌人产生一种寡不敌众的错觉，以此来防御堡垒，因而以威慑性获得了胜利。

从这个例子中就能看出，借助鸟类歌声传递的信息远比前些年动物行为学家推测的要多。

以前的观点是这样的：雄鸟凭借它声音的力量进行一种歌战——雌鸟会被它们美妙的歌声吸引，雄性对手则会被声音的威力吓退。事实也确实如此。不过，麻雀靠着其质朴和单纯也做到了这一点。正如近些年研究表明的那样，其他鸟类曼妙的歌声除了是美

　　　　　　　　　　　　　动物们的生存艺术

的享受外，也传递了许多别的信息。

以夜莺为例，为什么它的歌声如此美妙，而且为什么它只在深夜，当其他鸟类都沉默时才放声呢？目前研究发现，它们的声音是听觉的航向灯塔。从非洲返航的先到某地的雄鸟会对即将抵达该地的夜间迁徙者说："降落在我附近吧，因为今年你们可以在这儿找到许多食物！"这时，夜莺的歌声也是一种体现同类相助的方式。

生活在中非的蜂鸟则进一步完善了这种"居所中介"的功能。如果它们的所在地营养状况很糟，它们根本就不唱。如果只剩很少的余量能留给其他鸟，它们就会唱起所谓的供食之歌，意思是："你们可以过来，不过可别抢了我的饭碗！"

如果供应量十分充裕，那么蜂鸟就会开始"鸣啭"。大量的同类便会闻声飞来，驻扎在此。花朵产出的蜜越多，它们的演唱技巧就越高超。动听的歌声此时是为大量同类的饱足服务的。

金丝雀的鸣啭声则表达了完全不同的含义，这种含义跟作曲的鸟的年纪有关。因为雄金丝雀会不断学习新的曲调，并在雌鸟那里测试新曲的听赏效果，然后将那些无聊的曲子从自己的演唱曲目上划去。最终，它将得到一份数量可观的曲目合集，而这些无一例外都是成功的畅销金曲。为了获得最精湛的演唱技艺，金丝雀还会做大多数鸟类做不到的事情：它并非仅在求偶期歌唱，而是一整年都歌唱（除了脱羽期之外）。这就是它为何成了最受欢迎的宠物。它总在不断训练和完善自己的歌唱技巧。

它这么做有一个很好的理由：在交配期，雌雀不喜欢最年轻且最有力的雄雀，而是偏爱最佳歌手也即较年长的雄雀。"女士"们选择的原则大概是这样的："如果这个小伙子还很不成熟，以致孩子才孵化到一半它就叫猫给抓走了，而丢下我们母子，那我要它何用呢？所以我还是欣赏年长的雄雀，它们早就证明了自己懂得如何存活于世！"

为此，歌唱技巧正是金丝雀的金名片，而这也揭示了动听歌曲背后更深层的含义。

不过鸟类还可用它们的声音做更多的事。它们发声可以是为了实现动物语言才能的一次大跨越，也可以是为了给自己的伴侣想一个昵称从而以最个性化的方式呼唤对方。

这一现象备受瞩目，其发展始于动物首次给自己命名的阶段。它们这么做是为了方便其邻居能一直清楚地知道自己在和谁打交道。苍头燕雀——一种春日在我们的花园歌唱的鸟——就向我们展示了这一点。

当一只被我们称为"约德勒"（Jodler）的雄苍头燕雀在清洁自己的羽毛时，右边相邻的园子里响起了燕雀金属般的鸣叫声。但约德勒仍十分淡定地继续摆弄着自己的羽毛。半小时后，彼得·马勒（Peter Marler）教授听到从左边相邻的园子里又传来了完全相同的歌声。不过，这下子，约德勒就像触电了一般冲向那唱歌的家伙，并用啄咬的方式驱赶它。

它为什么会有如此不同的反应呢？研究者将苍头燕雀所有的曲调都用磁带录下来，并用声音摄谱仪加以研究。歌唱演出的细节被呈现出来，才展现出了惊人的结果。

人们历来熟知的是燕雀单独的一声"哗"。它通过这种方式把配偶呼唤到身边。若是一连串这样的叫声，就意味着"地面敌军警报！"，即"快躲开猫、犬和狐狸！"。

　　　　　　　　　　　　　　　动物们的生存艺术

孵化期内，待在巢穴周围放哨的雄雀还会发出预警："小心，很可能马上有危险！"预警声听起来就像"咻！"的一声。另外，苍头燕雀有着和许多其他鸣禽一样的防空警报，即几乎所有鸣禽通用的"国际"高声哨："咝……"

燕雀的鸣叫声同样也被用来吸引雌雀和吓退敌人：一串音符，而后跟着一声"哨响"。不过，在这支曲调中可以分清不同的个体。

苍头燕雀间存在多种方言。儿子们总是认真地向它们的父亲学习，并精确地传给自己的孩子们。燕雀的祖先在几百年前从英国威尔士地区被带到了新西兰，在这片遥远的土地上，直到今天它们仍操着纯正的威尔士方言。

根据格哈德·蒂尔克（Gerhard Thielke）教授的研究，它们之所以能在这么长的时间里将遥远老家的方言原原本本地保存下来，在于全世界只有六种苍头燕雀方言。这种鸟有限的学习能力使得它们无法接受更多的语言变体。

由此出现了一种少见的现象，即苍头燕雀居民间方言区的划分呈网格状，不存在区域间的过渡地带。例如：弗莱堡北面的鸟操方言甲，南面的则操方言乙，在这周边还有方言丙至己。

那么，在这里，语言变体的所有可能性均已出现，接着就会继续出现拥有这些我们已知方言的地区了。这便使得巴伐利亚的燕雀方言与柏林、东佛里斯兰、威尔士或新西兰的燕雀方言相同。

如果鸟鸣学家至今还在依靠听觉工作，那么，仅凭人的感知能力是无法发现由彼得·马勒的摄谱仪揭示的情况的，即：除了方言外，燕雀的鸣叫声还有可由鸟类精准识别的完全个性化的乐谱。

所以，鸟类并不会只这样鸣叫："我们是方言甲区的雄性苍头燕雀！"它们还会喊些很个性化的东西，即"我是约德勒"。就像海尼·黑迪格尔（Heini Hediger）教授强调的那样：这是一种名片，一个"未知的姓名"，更确切地说，是对自己的称呼。由此，这有点像人类可以仅凭音色再次辨认出一个我们不知道姓名的人。

在我们的故事中，约德勒马上就听出前一种情况是它熟悉的邻居。在规矩地保持距离的情况下，它可以与对方和睦共处，也没有什么需要怕它的。而在第二种情况下，一只陌生的燕雀竟胆敢在它的附近鸣叫，就意味着那是一只妄图抢走它地盘和妻子的敌鸟。

把这两种情况明确区分开来，是在鸟类世界中拥有自称的意义：动物不用在一位毫无恶意的邻居歌唱时立马把它当成窃贼！

朝着动物"自称"这个方向，埃伯哈德·格温纳（Eberhard Gwinner）教授在德国塞维森的马克斯·普朗克研究所发现了下一个步骤。当时他想要测试聪明绝顶的渡鸦的语言天赋。这种鸟不仅呱呱地叫，还会模仿陌生的声音，如鹳的喀喀声与圆锯刺耳的声音，它们甚至有能力比鹦鹉更准确地模仿人类说话。

在模仿他者的声音方面，渡鸦伴侣们完全沉浸于个人习惯之中。例如，雄渡鸦奥丁（Wotan）偏爱模仿犬吠声，而它的未婚妻芙蕾雅（Freya）却以学火鸡喀喀叫为乐。

如果有一天奥丁飞走了，那么，绝望的芙蕾雅就会做出它从不会做的事情：它会不停地朝空中高唱失踪者最爱的曲调，也就是犬吠声。格温纳教授先前认为奥丁对芙蕾雅常哼的小曲一无所知，但他的想法现在改变了，因为奥丁一刻不停地重复着从未练习过的火鸡叫。

实际上，它们双方能够理解彼此表达的含义。它们知道同伴在对自己说话，在唤自己的名字，并会交替着呼唤对方。

　　　　　　　　　　　　　　　动物们的生存艺术

同样的情况也发生在人类的幼儿群体间。当学童习惯使用一种特别不寻常的语言时，他或她便有了被同班同学嘲笑的危险。没错，这个奇怪的词会被当成他的绰号，别人都这么称呼他。

数十年来，学界一直试图解答鹦鹉、虎皮鹦鹉、鸦科鸟类、南鹩哥、凤头百灵以及许多别的鸟类何以能够学人说话这个问题。当所谓的"嘲讽鸟"模仿别种动物的叫声和歌声时，这对这个弱肉强食的世界意味着什么呢？林莺属的鸟知道如何像苍头燕雀一样鸣叫，红尾鸲可以像短趾旋木雀那样歌唱，湿地苇莺则可以模仿欧柳莺。正如"嘲讽鸟"这个名字所指的，据人类猜测，鸟类大概像学童一样想要嘲笑他者。

但是，现在我们知道，模仿才能并不是大自然的玩笑。其不可低估的意义在于：当同伴被迷惑时，高度个性化地称呼配偶可以不让婚姻或家庭破裂。

鹦鹉、虎皮鹦鹉和鸦科鸟中的雌雄鸟儿能在终身一夫一妻的关系中不离不弃这可能并不是一个意外，而是这种天赋所带来的了不起的成果。同时，我们在这种天赋中可以发现动物语言形成的第一丝痕迹，它离人类语言的本质更近了一步。

它的特别之处何在呢？动物之间的相互理解可能不止是情感表达的偶然的副产品。许多哲学家和其他动物学门外汉都对这一观点持怀疑态度。

例如，当郊狼袭击囊地鼠时，后者会心生恐惧，并不由自主地大叫起来。这叫声会唤起附近别的还没有看见猛兽的囊地鼠的巨大恐惧感。然后，它们不管三七二十一，灵巧地消失在了它们的地下工事里。不过，我们不能认为警报的发出者有通知他者的意图与拯救他者的明确意愿。这与人类的语言还不能相提并论。

我们的交流方式远比恐惧的尖叫、愤怒的吼叫、满怀爱意的吟唱、饥饿的恸嗥、乞讨的哀鸣以及其他类似的方法要丰富。我们想出词汇来给人物和事物、行为和特性命名；我们和他人谋求媒介所指的统一，这样我们双方就对同一词汇的意义有了相同的理解；我们还按一定句法把这些概念整合在句子中，以此来构成不断更新的语境。达到这些标准才算是人类语言。

相反，动物的语言是一种声乐。即使鸟儿最动听的曲子也只是歌者情绪的一种表达，比如对爱情的渴望、防御意愿以及群体意识。大体而言，比起我们人类的语言，动物们的语言更像是我们的音乐。因为它和音乐一样，也适合发出者将声音传播给其他接受者，并以此激发相应的行为。

这一对比已清楚地表明，当一些动物（比如渡鸦）给伙伴想出了名字，并有意识地用这名字来招呼它过来时，意味着多么巨大的进步。

动物究竟能否理解它们以此表达的含义呢？鹦鹉知道它学舌的所有内容是什么意思吗？自然科学家认为这是完全不可能的事情。

这种认识一直延续着，直到 1981 年正在普渡大学工作的生物学家艾琳·佩珀伯格（Irene Pepperberg）博士宣布：她成功地教会了一只非洲灰鹦鹉英语单词，并能与其进行有意义的对话。该研究者将这一领域之前所有尝试的失败归咎于错误的教学方法。

当我们把人类语言念给鹦鹉听时，它只是学着去跟读，而不会将其与一个概念联系在一起。因此，它说话仅停留在毫无意义的牙牙学语上。

所以，艾琳·佩珀伯格用了别的方法。首先，她总是给一只被她称作"亚历克斯"（Alex）的鸟新玩具，然后观察它特别喜欢哪些玩具。只有它喜欢的玩具才能用作教学用具。

只有两位老师，即艾琳和她的同事布鲁斯，才能给已经成年的动物上真正的语言课。艾琳拿来一管亚历克斯很爱咬的牙膏，在布鲁斯和亚历克斯面前晃。

艾琳说："布鲁斯，这是什么？"布鲁斯响亮而清晰地回答："牙膏。"他获得了夸奖，并得到了牙膏。亚历克斯用"哎，哎！"的叫声打断了他俩的对话。布鲁斯问："亚历克斯，这是什么？"亚历克斯回答："哎，哎！"布鲁斯失望地说："加把油！"亚历克斯说："牙，啊！"布鲁斯又问："艾琳，这是什么？"艾琳非常清楚地答道："牙膏。"然后她也得到了牙膏。艾琳问："亚历克斯，这是什么？"亚历克斯说："牙！"艾琳说："好多了！"亚历克斯又答："牙，啊。"艾琳又说："再加把油！"亚历克斯接着说："牙，膏！"艾琳说："很好！"亚历克斯得到了牙膏。

经过 26 个月的训练，亚历克斯已经掌握了九个名词（纸、钥匙、木头、躲藏处、木头夹子、软木、组合配件、坚果和意大利面）、三个描述颜色特征的词汇（玫红、绿色和蓝色）、两个描述形状的词汇（三角形和四边形）以及"不"的含义，并很好地掌握了这些词的发音。

最后一个词汇"不"完全不需要正儿八经地教授。在专业人士看来，拒绝属于语言发展过程中的高级阶段，但动物早就能以各种各样的非语言方式来表达它们拒绝的态度了。

最开始的时候，亚历克斯如果不想干了，它就会呱呱地叫。在鹦鹉语言中，这是明确表示要咬人了的意思。它第一次听到"不"这个字是它在课上犯错的时候。有一天，当它首次出于自身的需求使用这个字时，是因为它不想要递给它的坚果。它说："噗！"，应该就是"不要坚果"的意思。紧接着，老师很快教了它正确的发音。在第三节课后，它就已经完美地掌握了"不"这个字。

能用语言来表达拒绝大大地方便了它今后的生活。对于那些它不想用发出威胁的声音来拒绝的小事，"不"这个魔力之词真的会产生神奇的效果。

当亚历克斯掌握了所有上述词汇后，研究者便可测试这只非洲灰鹦鹉是否有能力将部分词汇在尚未使用过的组合中有意义地连在一起使用了。

截至实验时，它已经认识了一根绿色的木条，也就是"绿木头"，以及一只未上色的晒衣夹，即"木头夹子"。当人指着一只绿色的晒衣夹时，亚历克斯毫不犹豫一口气说出："绿木头木头夹子"，过一会儿，它才说出了"绿木头夹子"。

这只动物展现出了至少能将两个不同表达重新组合的能力——迄今为止，在动物界，这是一种我们只知道青潘猿（黑猩猩）才具备

---

* 在汉语中，四种大猿的西方语言（以英语为例）名称（Orangutan, Chimpanzee, Bonobo, Gorilla）迄今分别被通译为猩猩、黑猩猩、倭黑猩猩、大猩猩。由于这些大猿名过于相似，汉语界缺乏专业知识的普通大众乃至大多数知识分子都搞不清楚它们之间的区别，因而经常将这些词当作同义词随意混用或乱用，从而给相关的言语交流和知识传播带来很大不便与危害。为解决这一困扰华人已久的问题，经长期考虑，本书系主编赵芊里提出一套大猿名称的新译名：一、将 Chimpanzee 音译兼意译为青潘猿，其中，"猿"是人科动物通用名；"青潘"是对"Chimpanzee"一词的前两个音节 [tʃimpæn] 的音译，也兼有意译性，因为"潘"恰好是这种猿在人科中的属名，而"青"在指称"黑"［如"青丝（黑头发）"中的"青"］的意义上也具有对这种猿的皮毛之黑色特征的意译效果。二、将 Bonobo 意译为祖潘猿，因为这种猿的刚果本地语名称"Bonobo"意为（人类的）"祖先"，而这种猿也是潘属三猿之一，是青潘猿和人类的兄弟姐妹动物，且是潘属三猿之共祖的最相似者。三、将 Gorilla 意译为高壮猿，因为这种猿是现存的猿中身材最高大粗壮的。四、将 Orangutan 意译为红毛猿，因为这种猿是唯一体毛为棕红或暗红的猿，红毛是这种猿与其他猿最明显的区别特征。本书此后出现的大猿名称都照此翻译，不再另加说明。——主编注

动物们的生存艺术

的能力。许多鹦鹉爱好者声称早就知道这一点，但这直到今天才被科学界所完全证实。

不过，从根本上说，鹦鹉只是强化了我们长期以来对青潘猿的认识：青潘猿无法用声音说话，而是借助手势（即相当于手语），或其他符号。一些动物行为学家已成功地教会了青潘猿多达200个词汇以及一些简单的句子结构。

这些在动物园里进行的令人惊讶的实验并非没有争议。那些学者都在一种世界观的影响下，无一例外地完全否认了动物具有有意识地进行某些行为的能力。他们用过于简单的方式解释了青潘猿用符号"讲话"的现象。

有些科学家认为，动物学会词汇只是纯粹的驯兽表演，而非其理性认知。有些科学家则认为，青潘猿根本不可能正确地掌握句子，它们最多只能通过驯兽师面部表情的细微变化来猜测它们应该做些什么。

人类似乎总在暗示他所驯养的动物应该做些什么，即使是在不经意间。

后来，美国研究者鲁姆博夫（Rumbaugh）夫妇开始了一项尝试，他们希望借此让批评者们闭嘴。在他们的实验中，青潘猿的交流伙伴不是人类，而是肯定不会暴露自己内心波动的计算机。

实验具体是这样进行的：青潘猿的前面有一种打字机，机器的按键上有一些符号。例如，三角形代表着"香蕉"，圆形代表着"蓝色"，叉号表示"可以食用"，圆圈则意味着"不可食用"，等等。

这些符号故意设计得与它们对应的物品和特性之间缺乏图像相似性。

现在有两个青潘猿可以通过这台机器交流，它们坐在不同的房间内且看不见彼此。

只有其中的一个青潘猿"吉米"能够看到一只箱子中放着一根香蕉、一只甜橙、一块巧克力，而那只箱子只有它的交流伙伴"弗雷德"能够靠近。那么吉米就必须通过打字机告诉它的朋友箱子里有什么。只有当弗雷德通过计算机得到正确的指令时，两个青潘猿才能分享可口的食物。

经过短暂的训练后，它们完成得非常好。在研究者看来，这是对于以下三点的明证：这两只动物都对它们利用语言符号传递的信息有明确的概念，它们真的学会了这种计算机语言，并且从本质上讲，它们能和人一样用打字机书写。

这也明确地证明：动物也是可以利用字符（即通过学会的概念）来交换信息的，也能够正确地理解它们所使用的"词汇"的实际意义与语境。

因此，它们的语言同人类语言的差距可能不是性质上的，而只是程度上的。

那么，在这方面，我们该如何理解广受赞誉的海豚语言呢？在这点上，我只能让大家失望了。截至本书写作时，该领域的研究尚未取得进展，尽管许多证据指出海豚有着一种极为发达的信息传递方式，但这也正是我们现在对其了解甚少的原因。

当动物接收到一种语言信号并立即对其做出反应时，作为观察者的我们可以推断出该信号的含义。显然，这涉及的还只是相对简单的信息传递方式。

但当极为聪慧的动物（如海豚）感知到信号，却在数小时后才做出相应的反应时（像人类很多时候做的那样），或者当它根本什么都不做而"单单只是"就该信号进行思考的话，那么，我们要怎样才能获取之前信息的含义呢？

这意味着，对于解码海豚语言——可能还有更多的智慧动物的语言——人类现在还是太愚蠢了。

第二章

生存技巧：友谊

蜻蜓的"直升机海难救援"行为

　　就在刚才，两只蜻蜓完成了交配，就在那里，一只雌蜻蜓飞向池水，浸入水中 15 厘米，并开始在那儿产卵。28 分钟后，它又重新上浮，尝试飞起来，可它的翅膀却牢牢贴在水面上。难道死亡即将降临到这只产后变得"无用"的动物母亲身上了吗？

　　就在这时，一只雄蜻蜓从一朵睡莲上的瞭望台飞来，边飞边用后腹钳抓住它新娘的颈部。尝试救援时，巨大的嗡嗡声响彻空中，就像直升机将"遭遇海难者"拉到高空时一样，只不过人要更重一些。

　　在那一瞬间，另一只雄蜻蜓快速赶来，它其实刚刚才被新郎赶出了这片交配区域。这是一个报仇的好机会吗？才不是呢！第二只雄蜻蜓抓住第一只的颈部，奋力飞行。

　　就这样，两位雄性在共同行动中成功地将雌性从"海难"中营救出来。它们将雌蜻蜓带回岸上，让它躺在阳光下。在再次起飞之前，它可以在那儿变得干燥、温暖起来。在援救过程中或结束之后，都看不到雄蜻蜓的交配企图或是其他自私的行径。

　　这就是法国布吕努瓦通用生态实验室的主任阿尔明·海默尔（Armin Heymer）教授在细螅科这种"低级"动物身上观察到的令人

惊叹的无私行为。

这些动物的本能行为似乎不是无意识并固定不变的，而是会不断地根据特定情景做出有针对性的调整。

这种情况同样发生在它们追捕猎物的时候，当蜻蜓坐在自己的瞭望台上，用三万只单眼组成的复眼看到昆虫从身旁飞过时，它就会立刻出于本能抓住猎物。

不过有些昆虫比蜻蜓飞得还快，例如肤蝇；还有的可以更灵活地曲线飞行，比如食蚜蝇。若蜻蜓碰上了这些动物，它顽固的狩猎本能就会将它导向浪费体力却完全徒劳的追捕过程中。所以，在开始捕猎40秒钟后，一种相反的本能就会发出指令，命令它终止追捕，重新回到瞭望台上，以埋伏并攻击其他猎物。

集体行为与占领领地的行为也由类似的机制调控。若色螅科昆虫在正午午休，那么，它们会大批地聚集在一株沐浴在阳光下的灌木的相邻叶片上。这时，群体中洋溢着的是友情，并无爱情的立足之地。

但当一只雄蜻蜓飞出它瞭望异性及猎物的塔楼几米开外，它就会像一个自私的独行侠，将每只雄蜻蜓驱逐出自己的领地，而与相遇的每只雌蜻蜓交配。

可是，一旦有同类遭遇"海难"，它马上又会忘记争斗，赶忙飞去援救。

动物们的生存艺术

把斑鸠的胸脯当枕头——爪哇禾雀

有一天，英国的鸟类研究者德里克·古德温（Derek Goodwin）博士看到了一件令他不敢相信自己的眼睛的事情。那天午后，他收到了一个装有 6 只爪哇禾雀的邮包，并将爪哇禾雀们放进了一个大鸟笼中。有 10 只斑鸠已经在那个笼中生活了多年。一开始并没有发生什么特别的事情，直到傍晚，突然发生了一件不寻常的事情。

斑鸠像往常一样一边在栖息横木上咕咕地叫着，一边摆好了睡觉的姿势。与此同时，每只爪哇禾雀都在一个约是其 8 倍重的斑鸠身边坐下，叽叽喳喳地依偎在巨禽的身边，并温柔地为它梳理羽毛。

最后，一只只麻雀般大小的爪哇禾雀爬到了斑鸠们的双腿间和肚子底下。在那里，它们很快便处于保护中，在耐心、舒适、象征和平的体温中安然入睡。

从此往后，每个傍晚与夜晚都是如此。直到有一天斑鸠要开始筑巢、下蛋、孵蛋了。然后呢？非常简单：爪哇禾雀在睡觉时溜进鸠巢，在孵化的热度中舒适地紧贴在蛋边上！

只有当小斑鸠破壳而出后，那些友善的床位提供者才发现它们的忍耐度可能是到极限了，才小心地用啄羽的方式将这些过夜客从自己的巢里赶了出去。那么，爪哇禾雀又做了什么呢？它们飞到了那些雄斑鸠的背上，在那儿进入了甜蜜的梦乡。而"老板娘们"没有再提出任何反对意见。

不同种类的动物之间鲜少存在真正的友谊，如果有，也只是令人咋舌的个例。更令人惊奇的是，爪哇禾雀与斑鸠的睡眠伙伴关系总是只有当二者被放在一起时才会发生。但研究者现在还无法找到对这一行为的合理解释。

在爪哇禾雀的家乡爪哇岛和巴厘岛上，它们绝不可能像其他燕雀属鸟类喜欢的那样，以睡眠伙伴关系紧挨着蹲坐在一起。只有交配后一生忠贞不渝的雌雄双方才会肩并肩地睡在一起——如果附近没有一只作为"移动睡袋"的斑鸠的话。若有，那么在夜间，相比自己的配偶，爪哇禾雀会更偏爱斑鸠。因此，斑鸠并不能被视为禾雀的朋友或是伴侣的替代者。

这是不是因为对舒适的热源的追求呢？这温度能让我们的爪哇禾雀蜷伏在他者的羽翼下。对此，答案也是否定的。因为即使在背阴处温度仍可达 32 摄氏度时，它们还是会钻到厚厚的"斑鸠被子"里。

这很可能是成年爪哇禾雀对早已逝去的幸福童年时光的一种向往。那时，它们每夜都能得到父母的精心看护，都能舒适地蜷伏在其温暖的羽毛之下。

不过，这个问题的核心答案我们必须到斑鸠身上去寻找。这一睡眠共栖现象正是因为这个大个子对栖身者的耐心才得以实现。

斑鸠会从中获益吗？从物质利益角度来看并不会！不过它可能会收获幸福感，一种能够照顾幼雏的幸福感。当禾雀钻到它下面安睡时，就为它带来了作为父母的满足感。

助人捕鱼的海豚

　　来自毛里塔尼亚大西洋沿岸的因拉根（Imraguen）部落的渔民是世界上最贫穷的群体之一，他们甚至连船都没有。船从何处来呢？撒哈拉沙漠占据了这个国家的大部分地区，并一直延伸到大海。这里没有鲜花树木，但贫穷却因为一种特别的财富得到了补偿：海豚会定期以奇妙的方式帮助渔民。

　　从黎明到日暮，一位岗哨坐在沙滩上，等待着一大群鲻鱼的到来。那是一种长达90厘米、重7千克、肥美的近海鱼。这种鱼用嘴滤取沉积物中的微生物为食。岗哨常常在经历了数周乃至数月的等待后一无所获。

　　每当警报响起时，全村的男丁便立马奔向早已铺在沙滩上的百米渔网，并蹚入面前的浅水中。然后，他们将渔网的一侧垂直抛入水中，以阻断沿岸而行的鲻鱼群的道路。一旦鱼群聚拢，他们就马上抛出另一侧渔网，将领头的鱼群与跟随在后的大量鲻鱼阻隔开来。

　　这场围攻现在就只剩一个漏洞了，即与海岸相对的海域一侧。这个缺口本可以用船只堵上，却无奈缺之。一位渔民此时便拿起了一根棍子，敲击海面发出巨大的响声。这是给一群海豚的信号（这群海豚约有10只），示意它们做些什么。这是人与海豚间数千年来约定俗成的信号，并一直保留至今。

在很大的范围内，这些"海之神童"填补了网的缺口，并开始攻击。研究发现，它们会以超高的频率发出一种人类听不见的声波，也就是所谓的超声波。海豚发出的超声波会使鲻鱼的鱼鳔爆裂，它们将像瘫痪了一般的鱼驱赶到水面上。在那儿，海豚可以舒适地享用它们。

离得远一些的鲻鱼会被这种状况吓住，它们不顾一切地向空中弹跳起数米高。虽然有许多鲻鱼在此过程中逃脱了渔网，但其他鲻鱼就落入渔网，成了人类的猎物。

人类与海豚看似伊甸园式的合作并非以驯兽表演为蓝本。它符合海洋哺乳动物自然的狩猎行为。海豚总是将鱼群驱赶到海湾里，并将其围堵在此。不过在毛里塔尼亚首都以北的岸边并没有海湾，所以，在这里，海豚也依赖人类的帮助，正如人类需要它们一样。

而且，那里的近海水域的水还非常浅，若海豚追赶鱼群直至岸边，那么，它们自己也有搁浅的危险。遇上这种情况，人类就会带网而来。人类与海豚都能从二者的伙伴关系中获益。另外，因为不断有大量鲻鱼逃脱捕捞，它们的物种持续性并不会受到威胁。

澳大利亚南面的塔斯马尼亚州渔民居住在太平洋小岛上，他们也同海豚保持着类似的捕猎伙伴关系。在缅甸伊洛瓦底江三角洲流域，每个渔村都有一只侦察海豚。即使它自由自在地生活，却如同家犬一般忠诚。每当船只外出捕鱼，它就会查明产鱼丰富的海域并陪着人类抵达那个值得撒网的地方。

海洋中的智多星——海豚

尚在几年前，日本渔民还在用巨网捕捉数以千计的海豚，并不顾全球动物保护者的反对对海豚进行可怕的杀戮。但如今这骇人听闻之事我们听到得越来越少了。可这并不是因为日本渔民变了，而是因为海豚学聪明了。

在夏威夷岛上工作的海洋生物学家卡伦·普赖尔（Karen Pryor）博士密切跟踪了这一惊人事件的经过。这个神奇的故事开始于以下这件事。捕捞船队在太平洋上与大群金枪鱼联手，一起追赶、包围和捕食体形更大的鲭鱼以及其他鱼类。

对抗鱼群的包围战法既是金枪鱼也是海豚的捕食策略。金枪鱼排成长队朝目标鱼群游去，然后领头的鱼用印第安人的方式开始围成包围圈，直到"猫咬到自己的尾巴"，它们才开始从各个方向展开集中式攻击。金枪鱼只有这样才能实现自己的包围之术。但此时鱼群常常被打散，有很大一部分目标鱼群得以逃脱。

海豚的工作方式则大不相同。它们猎捕队伍的成员数量要少得多，但其战队组织却好得多。每名队员都认识它的队友。它们都掌握超声波的哨声语言，用它来发令、求助、协同行动。有时，海豚也会身陷与目标鱼群的鏖战。这些鱼群的体形对它们而言太大了。

围攻的队伍中有一些漏洞，许多鱼会因此逃脱。

不过，现在，当海豚和金枪鱼合作时，双方的战略系统将会互补，捕猎也就更有成效。可这个成绩是用一个巨大的缺点换来的：每当海豚和与自己个头一般大的金枪鱼同在一个队伍中遨游时，它们总是习惯在右边跳跃而起，日本捕捞船的瞭望台这时就会发现它们，并向其抛撒巨网，包围直径数百米内的鱼群，将金枪鱼和海豚一并猎杀。

与金枪鱼不同，海豚不是鱼类，而是生活在海里的哺乳动物。我们完全有理由将其称为"海洋中的智多星"。一些幸存者似乎最早开始意识到，是它们的跳跃、发出的响声以及在水面上溅起小喷泉的气孔将自己暴露给了敌人。

自那之后，每当捕捞船靠近，它们便不再跃出海面，而是低于海平面滑行，需要呼吸时它们也只把呼吸孔短暂露出水面几厘米。这样，就没有捕捞船船长能发现它们了。

神奇的是，海豚可以通过水下视角清楚地区分捕捞船和其他不对其存在威胁的船只。在普赖尔博士的考察船周围，它们就展现出了无拘无束、游戏般的样子。可一旦有捕捞船靠近，它们马上就会进入"低速行驶"的状态。

还有一个不可思议的谜团，即只有很少量的海豚从之前血腥的屠杀中逃了出来，可如今西太平洋中几乎所有的海豚在面对捕捞船时都展现出了一种小心谨慎的行为方式。

难道海豚糟糕的经历和成功的避险行动在这些动物间传开了吗？

还有，自从海豚准确地发现了危险所在并尝试避险后，现在它们又变得无忧无虑了。通往这条路的第一步就是，大胆地游到捕捞船的右侧，避灾般地躲开左侧。因为海豚之前发现，捕捞网只会从有起重机与绞盘的左侧投下大海，渔船的另一侧则没有任何危险。

随后发生的才是最后一出戏，而鲁莽者基本上来不及转圜。海豚淡定地与金枪鱼一道游进渔网。此时它们的恐惧感荡然无存。当金枪鱼下潜并用尽一切力气徒劳无功地冲击渔网时，海豚却早就明白，渔网不同于海藻或海草，不是光靠蛮力就能冲破、游出去的。

它们就安安静静地待在水面上，等待渔船返程收网。那时，渔网上方的网边在靠近船体处会有大约 20 秒的下沉时间，海豚就一个个趁机敏捷地从缺口逃走了，不慌也不忙。成功出逃后，它们会开心地立刻在原地做几个腾空跳跃，就好像它们以摆脱渔民的捕捞为乐一般。

金枪鱼行为木讷，始终束手无策地在网中挣扎，却发现不了渔民的弱点并将其为己所用，保全生命。相比之下，海豚则给我们展示了一次敏锐与理智并存的行为范例，以及动物中很高的智力水平。

在夏威夷水族馆中进行的海豚研究，证实了我们对于海豚的这项认知。实验想法源自普赖尔博士一次用于消磨时间的观察：这些动物在闲暇时是如何展现它们本领的呢？它们似乎喜欢在水池里模仿其他生物。有一次，它们模仿了一只海狮的游泳动作，然后又模仿了企鹅、鳐鱼和海龟的行为方式——那简直就是卓别林式的模仿。

此外，哪怕一只海豚从未受过专门的训练，它也能在观众面前表演出它所有同伴的各项技巧。当有海豚生病或死去时，这样的情况常常发生。因此，普赖尔博士不禁自问，人们是否有可能引导海豚自创出一些新的表演项目呢？

那之后，它们会因为做出了从未做过的动作而得到表扬。又过了些许时日，一件鲜有其他动物能做到的事情发生了：海豚的胸鳍能够精准地完成预定动作。

　　因此便产生了以下技艺高超的杂技表演：一只海豚将球抛至空中，高出水面 10 米，另一只海豚从它的身后跃出水面，用尾鳍将球拍向观众席。

　　或是一只海豚邀请女驯养师朝它跳入水中，并向其抛去一只球，让球在其伸开的手上保持平衡。接着，它奖励给驯养师一条生鲱鱼，这可是它特意放在自己嘴里保留下来的。

动物们的生存艺术

海洋中的猎食包围战

　　一群凶猛的鲹科鱼类悄无声息地在珊瑚暗礁上方高速聚集过来。它们的正前方有一群沙丁鱼大小的鲷鱼，对方丝毫没有发现异样。鲹科鱼群如闪电般掠过小鱼群，鲷鱼躲到珊瑚后面的逃生之路早已被阻断。慌乱中，小鱼群试图逃向空阔的水域，可是那边也游来了大群鲹科鱼。

　　捕食的鱼群就这样将鲷鱼群团团围住，将它们一直挤出珊瑚礁，直到挤上水面。最后，鲷鱼群在一个狭小的空间中无助地挣扎，就好像在渔民的网里那样，轻易地就成了饥饿的鲹科鱼群口中的食物。

　　艾布尔 - 艾贝斯费尔特（Eibl-Eibesfeldt）教授观察到的这种鱼群围攻另一类鱼群的现象绝非个案。近些年，潜到海下工作的海洋生物学家越来越多，有越来越多开展大规模歼灭活动的鱼群被发现。在捕食的过程中，蚂蚁大军也会消灭其他昆虫群体。但除此之外，我们尚未在陆地上发现类似的案例。

　　另一次，艾布尔 - 艾贝斯费尔特教授又目睹了灰鲨鱼狩猎群体运用"散兵线"*对抗温和的鲻鱼群的过程。灰鲨鱼将鲻鱼赶到狭小

---

* 　散兵线，军事用语，指一种将士兵分开为横线的战斗队形。——译者注

海湾的沿海地区，在那儿朝着海岸的方向步步紧逼，直至鳀鱼群以沙丁鱼罐头般的密度被围困住。而后它们才冲入鱼群，在鱼群中捕猎，直到填饱肚子。这里发生的其实是通常只有人类能做到的事情，也就是部队和部队之间有组织的作战。

最凶猛的刽子手当属幼年梭鱼群或箭鱼群。它们成年后鱼体体长可达 2 至 3 米，有着致命利齿并以孤狼方式作战。当它们年幼时，它们团结成战斗联队，用集体的力量弥补其弱点。它们围攻目标鱼群时常常就如同骑在马背上的印第安人围攻马车队，直至剿灭所有的被围困者。

不过，海底世界中最残暴的屠杀者是一种鲜为非专业人士所知的鱼类——蓝帆变色龙。1978 年，人类在巴哈马群岛海域观测到成百上千的蓝帆变色龙是如何团结地进攻由数百万条鲱鱼组成的鱼群的。在大约一千米的战线上，双方的鱼群"舰队"齐头并进。随后，蓝帆变色龙"舰队"的排头尖兵改变方向，直直地向鲱鱼冲去，攻破其队形，将其大部分包围。

接下去的一切就像发生在水下坎尼城[*]，不仅有炼狱般的撕咬，还有杀戮成瘾的无谓滥杀。

身长 70 至 150 厘米的蓝帆变色龙从各个方位发起进攻。它们先是吞食猎物。每位捕食者平均吃掉 7 至 10 条鲱鱼后就饱了，尽管如此，它们还是释放出空前的野性，攻向新的猎物。它们就像活的绞肉机，撕碎鱼肉。一些不小心身陷死亡猎场的鲣鱼（一种 1 米长的金枪鱼科的鱼）也会受到体长相似的蓝帆变色龙的攻击。捕食者咬住

---

* 坎尼城，古罗马城名，在罗马和迦太基的第二次布匿战争中，汉尼拔率军与罗马军在此决战。——译者注

　　　　　　　　　　　　　　　　　动物们的生存艺术

逃跑途中的鲣鱼的后部躯干，让它的身体前部继续向前游。一刻钟过后，蓝帆变色龙的大屠杀留下了无数鱼渣、鲜血以及垂死挣扎中的受害者。

而海豚在发动包围战时就要理性得多。它们吃饱后，就会立即终止猎杀。它们会像牧羊犬一样"看守"幸存的猎物鱼群。一两天后，当它们再度饥饿，就会重新攻向自己的"粮仓"。只要库存尚足，海豚就会一直重复这个过程。

海豚的另一个特殊的捕猎技巧在于，它们不像蓝帆变色龙、梭鱼或是鲹科鱼那样需要成百甚至上千条鱼组成的捕猎大军。它们的队伍至多由 36 条海豚组成。凭借着这样的小组，它们同样可以完成捕食活动，甚至是在无法看见猎物的浑水环境中。

海豚所拥有的水下"雷达"和动物界中发展程度一流的语言能力使这一切成为可能。在每次进攻行动中，海豚们都能彼此交流。

可是，也有一些鱼知道如何对付这些捕猎高手。海尼·黑迪格尔教授有一次观察到，在梭鱼不断靠近的过程中，一群手指般大小的鱼群是如何紧密地团结在一起的——它们的队伍看起来就像一条 5 米长的巨型鲨鱼。这个"组合而成的庞然大物"就像一个生物那样接连四次跳向空中，把梭鱼吓跑了。

鸟类与獴类之间的友谊——黄嘴犀鸟

黄昏，在东非的泰塔山，一群侏獴狩猎归来，正在返回白蚁丘中的住处。它们碰见了三只黄嘴犀鸟，让鸟吃饱后，侏獴们就开始玩摔跤游戏了。侏獴趴在彼此身上翻滚，直到扭打变成了"维也纳华尔兹"舞步。动物行为学家安妮·拉莎（Anne E. Rasa）博士这样描写道："参与者们站得笔直，用前爪搂住对方的肩膀，将头高高抬起，缓步转圈，就好像跟着幻想中的乐团踩着节奏。"俨然是完美田园生活的场景。

可是，两只黄嘴犀鸟突然拍着翅膀飞到离它们最近的树上，用叫声传达道："老鹰来啦！"顷刻，侏獴就如闪电般飞奔向白蚁丘的洞中，三只鸟紧随其后。侏獴们同时到达洞穴，彼此的后腿紧紧卡住了，它们挣扎、无助地叫唤。好在那只是个错误的警报！

犀鸟，属犀鸟科动物，视力优于侏獴，因此承担起了站岗放哨的工作。它们是如此恪守职责，就像它们也属于獴群体似的。只要犀鸟待在附近的一棵树上或一片灌木丛中侦察敌情，侏獴就可以撤掉它们自己的岗哨了。这就意味着侏獴不再需要在艰苦的岗位上看着它的族类美餐，而是可以自己也进入猎食和进食者的行列。这对它来说无疑是个很大的好处，可对于在此期间必须禁食的犀鸟而言呢，则是个缺点。侏獴用蝗虫"犒劳"犀鸟。这是有关依存现象很好的一个例子，也就是异类动物之间的互惠关系。

不过，犀鸟有时需要相当多的能量补给作为酬劳。比如，要是清早侏獴在白蚁丘上晒了太久的太阳，或是玩了太久的话，这些大犀鸟就会飞过去，降落在它们中间，不断地催促侏獴去捕食，直到它们真正动身。

除了乖乖听命，与它的族群向草原进发，领头的雌侏獴（侏獴生活在母系社会中！）别无他选。穿过草原时，侏獴也在搜寻着蝗虫。蝗虫伪装得很好，在草丛间很难被发现。蚱蜢也是侏獴的猎物，但它们大多数都会快速地跳到数米之外，也就抓不到了。不过，犀鸟会去猎捕它们，但它们通常只去咬食那些从侏獴手下逃走了的蚱蜢。可能这就是二者为何能够如此和谐地相处的一个原因。

不过，它们之间偶尔也会为食物而争抢。如果獴科动物找到了一只纽伦堡小烤肠那么大的美味甲虫，56厘米高的犀鸟有时就会飞来，叼住小獴的颈部，将甲虫叼至一旁，独享美食。

神奇的是，其实只要犀鸟愿意，它本可以一口让幼獴消失在自己的大嘴之中。犀鸟连比侏獴大得多的鼠类都能轻松咽下，但它却根本不伤害这个小家伙。

换言之，这只大鸟表现得就像是侏獴家族的一员。在这群相亲相爱的动物朋友之间，偶尔偷走一点对方的小东西一定是风俗所允许的。比如在上一个例子中，犀鸟夺走了甲虫。但在它们之间，像谋杀好友之子这种事是绝不会发生的。

切叶蚁间的协作与互助

　　当人类挖掘地下通道或是在矿区挖掘坑道时，时不时地会发生掩埋悲剧。类似的不幸会更频繁地降临在动物世界的矿工即蚂蚁身上。

　　尤其是在热带地区，持续的干旱使土壤十分干燥，以至于在切叶蚁王国巨大的地下迷宫中，垮塌掩埋已经成了再平常不过的日常事件。在这个拥有600万蚁国居民的10公顷区域中，这类灾害发生得太频繁了，若是缺少了紧急时刻的互帮互助，这些小蚂蚁怕是早就灭绝了。

　　被掩埋的蚂蚁会发出求救信号，救援部队立刻就会展开搜寻，将其挖出，在危险时给予他者帮助！能谁料想，在看似冷血、机器化的高"蚁口"密度的蚂蚁王国中竟会有这样的精神？

　　这些小昆虫发出相对自己身体而言异常响亮的求救声。一厘米远处被埋者的呼救信号就有机械打字机声的两倍那么响。不过，人类可听不到。因为蚂蚁在发送信号时，使用的是频率20—100千赫兹的超声波。

　　它们用后腹部粗糙的环节表面相互摩擦，发出我们听不见的高音。救援者借助其脚上的震动传感器，感觉到地面的震动，接收到

动物们的生存艺术

呼救声。这种"长在足尖的耳朵"甚至能测定信号的来源方向。这样，搜救部队就能精准地定位被困者了。

不过这还不是它们互救的全部内容。每年三月，加勒比群岛中特立尼达岛上的切叶蚁还会受到更严峻的威胁。在午后的晚些时候，在工蚁切割树叶或是举着帆状叶片踏上漫漫返巢路时，微蝇会趁机对这些工蚁发起进攻，因为那时蚂蚁的钳子紧抓货物，无力自卫。

这种苍蝇有"蚂蚁头刽子手"这样一个名字不无道理。它们试图快速地将卵粘在被俘蚂蚁的颈部。过不了一会儿，刚出生的苍蝇幼虫就会钻进蚂蚁的头部，将里面吃光，并从内部咬断空脑壳。就这样，它们将寄主斩首，获得了一个脑壳作为成蛹的防护盔甲。

为了对抗苍蝇这一致命的攻击，蚂蚁王国成立了一支常规的空中防御部队。防空工作由蚂蚁居民中的侏儒们负责，它们也叫迷你蚁，只有2毫米大，仅有一般工蚁的四分之一大小。迷你蚁通常是地下真菌种植场里的"园丁"。不过，在可能遇到空袭的前几天，它们就会离开地下蚁穴，随着大个子伙伴的队伍来到橘树上的丰收园。

一旦苍蝇来袭，若干迷你蚁就会马上在工蚁周围形成一个防御圈。它们高高直起身子，用钳子扑向敌方。在货物运输过程中，一只迷你蚁会爬上叶片上方的边沿，就像"搭便车"一样被抬回驻地：那是一个可被运输的防空兵！

对切叶蚁这个集体生活模式高度发达的蚂蚁族群而言，社会分级、专业化和劳动分工均极其重要。

它们中的兵蚁身长1.5厘米，是真正的巨型蚂蚁。它们的钳子足以在人类的皮肤上留下带血的伤口。

当行军蚁的百万猎食大军来攻，哨兵就会通过芳香物质发出警报。附近的所有蚂蚁就会赶回地下堡垒集结。兵蚁堵住各个入口，将来不及逃走的幸存行军蚁全部歼灭，让敌方的撤退行动遭受重创。

蚂蚁王国的地下建筑系统占地约 10 公顷。在蚁后和蚁民存在的这 8 年时间里，共要挖 280 立方米的土，这是一项多么不可思议的成就啊！为了防御热带暴雨期的洪水，它们在入口四周建起了环形的围墙。

建筑内部还有倾斜的紧急逃生滑梯，可供蚂蚁在危险时使用。而对那些用作爬坡和用来运输物资的通道，蚂蚁建筑师则设计了较小的坡度。此外，它们还在道路上铺设了大沙粒，做成楼梯。

蚁穴四周的"运输隧道"通往各个方向，最长可达 200 米，且连接着长达 800 米的"运输大道"。它们宽约 5 至 7 厘米，有 20 条"蚁道"。建筑工蚁沿着陡坡打扫两侧的土壤，堆起土堆，好让路面平整一些。

在这条道路上，切叶蚁们以 128 米的时速前进。无论负重与否，速度始终一致。若目的地在 1 千米外，来回旅程需要将近 16 个小时。

爬树、寻找叶片并切下一块，这都将花费时间。所以这群动物进行了劳动分工。坐在树上的是专门的收获蚁，它们将叶梗割开，把叶片一一抛下。它们可以在一夜间让一棵橘树掉光叶子。

底下的运输工蚁接收扔下来的叶片，并将其切块。这些叶块比它们自己还要大、还要重。在切割叶片时会产生一道漂亮的弧线，因为切割者本身就是一把圆规。它们用后腿扣住叶片的边缘，以头长为半径，用钳子割出一个半圆形。

地下真菌园的空间直径有 10 至 60 厘米，园丁迷你蚁负责从"重型卡车"上将叶片货物卸下来，嚼烂那些无法弄碎的部分，将其与附近蚂蚁厕所中的粪便混合，然后在菌床中常规培育真菌。它们就这样生产出菌丝节点上富含蛋白质的小结节，为王国提供食物。

实验显示，如果没有良好的田间管理，真菌园在一周内就会发霉、腐烂或是长出杂菌，变得无法使用。或者它们会遭到森林虱子以及蠹虫的破坏。这些生物不像蚂蚁只食用子实体，它们还会吃掉所有的菌丝。这都是小小的切叶蚁们要完成的：艰苦细致的大规模园艺工作以及防范害虫。切叶蚁会利用身上分泌的抗生素预防腐败细菌滋生。

收获蚁在遇到某些植物时，会吓得往后退，这让人很惊奇。有研究揭示了原因：那些叶片上布满了杀菌剂。若这些叶片被带回蚁穴，那么蚂蚁的整个真菌培育都将遭到毁灭。

在观察切叶蚁避之不及的植物时，研究者发现，有多种杀菌剂也会杀灭那些使人生病的真菌。因此，对人类而言，研究奇妙的小蚂蚁也具有重大的现实意义。

征兵参战——切叶蚁

来自多方面的敌情威胁着切叶蚁王国。像黄蜂或是捕食的甲虫这样孤狼式的闯入者，早在蚁穴入口就会被兵蚁拦截。兵蚁的体形较敌害而言十分巨大，可谓是大号动物，它们的大钳子就是武器。

要是这些门卫碰上了成群的行军蚁，那么，就连待在土质建筑内部个头极小的迷你工蚁也要加入战斗。这些迷你工蚁平时都是真菌园的园丁或在"防空部队"中服役。每个"小矮人"紧紧抓住敌人的一条腿——6只，甚至更多迷你工蚁就这样控制住高大的敌手，直到它们的一只兵蚁赶来，钳下那个动弹不得的闯入者的脑袋。

在战争中，采叶小工蚁能否在远离蚁穴的地方发现危险的行军蚁侦察部队是一个相当关键的环节。若它们成功地发现并将这支较小的部队歼灭，那么，它们的蚁穴或许就能免受百万大军的攻击，王国也就能避免就此倾覆。

采叶小工蚁先与行军蚁的先遣部队战斗。其中，一些采叶小工蚁会从交战中抽身，赶忙跑回蚁穴。它们现在的行为所体现的就是保全生命的诀窍之一。博尔特·霍尔多布勒和爱德华·威尔逊教授在 1978 年发现，跑回家中的那些采叶小工蚁并不是逃兵，而是为了抗敌而回去征兵的。

和平时期，这些劳动力加入收集树叶的队伍。小工蚁在蚁穴里推一推无所事事的普通工蚁，在它们面前集合，并大幅度地左右摇摆着身体。见此情景，普通工蚁就会明白：又发现了一个丰富的食物来源。然后，它们就会跟着食物的香气向新的工作地点进发。

　　受到敌方威胁时，士兵招募员的工作方式与此类似。只不过，此时它们不会左右摇摆身体，而是有力地前后摇摆，就好似在用哑剧的方式呈现战争场景。好像在说："快来呀！打仗啦！"

　　通过这种方式招募来的蚂蚁立刻奔走，号召它周围的蚂蚁加入战斗。根据滚雪球效应，消息很快就传开去了。在最短的时间内，一小支队伍召集而成。它们在从战场上匆匆赶回的蚂蚁们的带领下一同出发，准备给远处的敌人带去毁灭性的打击，并将自己的王国从倾覆的危险中拯救出来。

　　切叶蚁的团队合作组织性绝佳，其通信系统也丝毫不逊于蜜蜂的"语言"。这两点再加上无私的集体精神，无疑让切叶蚁拥有了一种动物界最精妙的社会系统。

猫会爱上雏鸟吗？——家猫

　　每个熟悉猫的人都会说："一只'室内老虎'会像保护自己的孩子一样保护小鸟？这绝不可能！"猫若看见一只小鸟或是老鼠，哪怕在很远处，它的狩猎欲望也会立刻上来。每个知道这一点的人都会说："猫是不会不抓老鼠的。"可是，这样的事真的会发生。比如下面这个故事。

　　"妈妈，妈妈，你看！多可爱呀！我们的咪咪生小宝宝啦！"莫妮卡和父母一起住在德国英戈尔施塔特的城郊，小姑娘欢快地叫着跑进了自家的房子。可是她的父母却高兴不起来，因为家里养不下这么多动物了。

　　莫妮卡妈妈用食物把身为母亲的咪咪从幼崽的窝骗到了一间小屋里，然后把它锁在里面。在此期间，她的丈夫抱走了小猫崽。千万不要让动物母亲看见偷走自己孩子的强盗。如果这种事正巧被猫妈看见了，那么，男女主人和它之间的友谊就走到了尽头。它会四处游走，在别处寻找新的居所。不过，这些事现在都不会发生。

　　当咪咪回到幼崽所在的箱子时，它发现孩子们不见了。此后的数小时里，它找遍了各个角落，并发出越来越绝望的叫声，最后沉沉地昏睡过去。

　　　　　　　　　　　　　　　　　　　　动物们的生存艺术

在其他丢失孩子的动物母亲身上，我们也总能明显地看到它们的悲痛。

次日早晨，咪咪在屋前的草地上碰巧看见一只昨晚从鸟巢里摔下来的乌鸫雏鸟。它一边颤颤巍巍地跳着，一边还用它最高分贝的声音鸣叫，而那叫声像极了小猫叫。咪咪叼走了小乌鸫，它应该是觉得自己的一个孩子回来了。

当一个雌性动物的母爱迸发，就像这只猫一样，而孩子却突然消失得无影无踪时，我们难以想象母性会令母亲产生怎样的幻想。这只小乌鸫就在头几个小时刚刚跳出鸟巢，面对异类它还不会表现出害怕并做出逃避反应。尽管雏鸟的长相完全异于猫崽，咪咪还是收养了它。

它温柔地舔着小乌鸫，还"保护"它免受随即赶来的亲生父母的争夺，然后带它回到屋中。

咪咪需要一个对象作为孩子的替代者，一个能让自己释放那激烈且未能得到满足的母爱的对象。是的，它甚至想让雏鸟吮吸自己的乳头。不过从动物学的角度而言，这是行不通的。喂养乌鸫雏鸟的任务就只能由莫妮卡的妈妈接管了。

而且，当小鸟一点点长大，咪咪也从未想过要吃掉它。这份感情变成了一辈子的友谊。后来还发生了件罕见的事情。当小乌鸫在花园的草地上拉拽蚯蚓时，咪咪出现了，周围所有的乌鸫都拉响了警报。不一会儿，它们全都躲到了自认为安全的地方，只有这只小乌鸫"落入猫爪"，而它其实是咪咪的心头肉。

第三章

特殊的专家

拥有大心脏的"摩天大楼"——长颈鹿

长颈鹿的脑袋高出草原多达 5.8 米。若是它的血液循环系统和人类一样，那么，在巨大压力的作用下，其腿上的毛细血管就会肿胀、破裂，进而使大脑缺氧，丧失意识。

我们在这座"草原灯塔"的头部发现了与战斗机飞行员以超音速完成急转动作时相似的状态。离心力将血液挤出大脑。人先是产生晕眩感，最后会昏厥、失去知觉。但长颈鹿却还能保持清醒活泼的精神状态。

它是怎么做到的呢？1974 年，詹姆斯·沃伦（James V. Warren）教授在肯尼亚进行了研究。在野外，他在几只"移动的摩天大楼"身上放上了血压测量仪。这些测量仪会通过无线通信设备将数据传回他那里。

一开始，令教授惊讶不已的是长颈鹿的血压值。当它从狮口逃脱，并以 58 千米的最高时速，用一种令人惊叹的方式甩掉猛兽时，它的心脏每分钟要跳动 150 次，而血压也上升到了 300 毫米汞柱。换成人类，就算在比这个值低得多的情况下，任何人都会因心跳过快而死。可这对于长颈鹿而言却再普通不过了。这究竟是为什么呢？

首先，长颈鹿有一个硕大的心脏。由于长颈鹿本身重达 750 千克，那么，如果按照人类的标准算，它的心脏得有人类心脏的 10 倍大。可事实上，它的心脏是人类心脏的 27 倍大。

长颈鹿的"血泵"以巨大的力量将血液送往 5.8 米的高处。为了避免动脉破裂，长颈鹿的血管壁要比其他动物以及人类的厚出许多。

不过，最重要的原因还在于毛细血管。毛细血管壁绝不能增厚，因为氧气、二氧化碳和营养成分的交换都要透过它来完成。而它为什么不会破裂呢？

这是一种我们只能在长颈鹿身上看见的自然赐予的特殊"发明"。血管周围的高压液体对其内部的高压起到了平衡作用，例如腿上的淋巴液以及颅骨中大脑周围的液体。因此，长颈鹿的皮肤也特别坚硬厚实。

这种长脖子动物只受到两个问题的困扰。在地上睡觉的它若想重新站起来，它的身体情况就类似于低血压的人类，很容易就会头晕。它要先蹲个几秒钟，然后才能站起来——但愿在狮子来袭时这样起身不会太慢！

另外就是长颈鹿在山顶会感到呼吸困难。因为它的气管直径为 5 厘米，长 3 米，其内部始终有不少于 6 升的空气。若它有一个正常比例的肺，那它肯定就要被憋死了。因为空气需要经过处理才能通过呼吸道进入肺部。

所以，长颈鹿拥有一个巨肺，而且呼气频率比人类快很多。因而，在高海拔空气稀薄的环境里，它的呼吸困难问题也来得更快。所以，它就放弃了爬山这项运动。

动物们的生存艺术

胃里长牙的穿山甲

数百种热带鸟尖锐的警报声响彻刚果原始森林：由成千上万的行军蚁组成的大军正在结队狩猎。小动物们要是不逃走就会落入行军蚁之口。唯独一种 1.5 米长的形似冷杉果的动物深深地向前俯身，两腿小跑着冲向行军蚁。它就是来自远古时代的巨型穿山甲。

穿山甲先是用鳞甲紧紧捂住眼、耳、鼻孔，舒服地在攒动的行军蚁群中来回翻滚。可它又将皮肤上的鳞片完全打开，到处的行军蚁都可钻进鳞片。行军蚁扑向并吃掉穿山甲身上的跳蚤、虱子、扁虱及其他害虫。这是穿山甲唯一一个能摆脱它们折磨的办法！不过，当队员众多的"清洁中队"开始拧"瓦片"下方的皮肤时，这位"皮肤病患者"就会立刻将它所有的鳞片都翻下来，贴紧皮肤。然后，它来到水边，将鳞片打开，像全身湿透的狗一般甩动身体，将行军蚁抖落，让它们淹死在水里。一条 40 厘米长的舌头立刻从豌豆般大小、形似山洞的嘴里伸了出来，像鸡毛掸子那样在水面上扫来扫去。发达的唾液腺使这根意面般的舌头充满了黏液，这样，它就能像捕蝇纸带那样黏住行军蚁，无论其是死是活。接着，行军蚁就被吸进了相对说来较小的嘴巴里，并从舌头上掉落下来。

行军蚁及其他等翅目昆虫有坚硬的壳质盔甲，在消化它们之前，必须得好好嚼烂。可奇怪的是，这颗"会动的冷杉果"根本就没有牙齿——至少在嘴里没有。取而代之的是胃壁上布满的角质。在胃里，食物像磨碾谷物那样被碾碎。这是一种牙齿长在肚子里的动物！

这只重达24千克的巨型鳞甲目动物要消化的东西多得惊人。经由舌头，它的胃里每晚可以消化多达2千克的行军蚁或等翅目昆虫。那相当于7万只蚂蚁，半个蚂蚁群的蚁口。

如果没有正好可以轻松咽下的蚂蚁，那么，穿山甲就会去寻找等翅目昆虫的洞穴。它正正地坐在洞口，用前爪挖开坚硬的墙体。然后它将舌头伸进迷宫似的通道里，最长深度可达40厘米。

它有力的鳞片也是一种令人生畏的武器。当穿山甲受到猎豹的攻击时，将自己卷成一个球的办法就一点也不起作用了。这时，它就会像摔跤运动员一样站立起来，展开双臂。有经验的猎豹就会离开，因为它们知道，穿山甲会在战斗中将它们"切割成片"。

而面对小一点的对手时，将头弯向柔软的腹部，紧紧卷成"冷杉果"就足以对付了。卷成球也是它的睡觉姿势。不过刚出生的穿山甲还没有防御性的硬壳。所以，穿山甲妈妈会把孩子放到自己的肚子上，把孩子跟自己一起卷起来！

自然母亲的狂欢节恶作剧——鸭嘴兽

　　造物主似乎参加了狂欢节，一个长得像头戴大鸭嘴的海狸的动物出现了。鸭嘴兽就像一个神话中臆想出来的动物，它下的蛋似鸟蛋，同时又像哺乳动物那样用母乳喂养破壳而出的孩子们。

　　身长45厘米的"鸭海狸"一般下两只蛋，每只蛋却只有麻雀蛋般大，蛋壳则和爬行动物的蛋那样如同羊皮纸。

　　鸭嘴兽的孵化室在地下18米的深处。在那里，母亲卷起身，将蛋包起来。孵化7至10天后，小家伙们就破壳了。刚出生时，它们还什么都看不见，身上光秃秃的，而且只有2.5厘米长。

　　起初，宝宝们还有小鳄鱼那样的牙齿——这是爬行动物祖先遗留下来的特征。但这些牙齿很快就会退化，取而代之的是似皮般柔软的喙。宝宝出生两天后，母亲腹部的汗腺功能发生变化，开始分泌乳汁。

　　不过鸭嘴兽妈妈并没有乳头，如果真的有，孩子们的"鳄鱼小牙齿"会在吮吸奶水时将它弄得很痛。当小家伙挤压腺体时，奶水就会流到妈妈的腹部，供它们舔食以及从绒毛上吸食。

　　鸭嘴兽宝宝四个月大时，个头就和它们的母亲差不多了。也就是说，那时它们要喝掉相当多的奶水。为此，母亲得捕食大量的食物。

它们似乎只知道饿，而从未体会到饱腹感。纽约布朗克斯动物园曾经有一只 1.5 千克重的鸭嘴兽，它每天吃掉的食物有它体重的一半重：540 条蚯蚓、30 只螃蟹、200 只面粉虫幼虫、2 只青蛙以及 2 颗鸡蛋——但它还总是吃不饱！

在野外，鸭嘴兽潜入水中觅食。它们既不用眼睛，也不用耳朵，而是靠嘴巴辨明方向。它们嘴巴上的触觉及嗅觉细胞构成了一个极其灵敏的食物搜寻器。

鸭嘴兽的泳姿十分滑稽，但又相当实用。它们狗刨式游泳时只用两条前腿，后腿是单纯用来刹车或倒车的。而那条宽似海狸尾，却长着毛的尾巴则是用来控制方向的。

游泳时它的脑袋使劲地左右晃动，所以它可创造不了什么快游记录。不过它这样可以在宽广的范围内找到所有好吃的东西。

和仓鼠一样，这只潜水动物把所有食物都收集在两个颊囊中，等回到水面上后才会享用自己的成果。

许多数百万年之后才在哺乳动物身上出现的特征，在鸭嘴兽的身上就已经显出了雏形。

一方面，这个"实验品"有着和它的爬行动物祖先相同的单排泄通道，也叫泄殖腔。它是液体和固体排泄物（例如蛋）的共同通道。因此，动物学家将鸭嘴兽和同样生活在澳大利亚的针鼹都归为单孔目动物。

而另一方面，鸭嘴兽已经变成了和鸟类、哺乳类动物一样的恒温动物。它的基础体温只有 30 摄氏度，尚未达到和人类一样 37 摄氏度。不过这并不是什么坏事，因为对于常常潜水觅食的鸭嘴兽来说，这样能使它更好地适应较冷的水温。

在爱情方面，鸭嘴兽就又更像爬行动物了。配偶双方用"鸭嘴"咬住"海狸尾巴"，一直在水里游圈，直到双方情绪调动，成功交尾。

这个史前时代遗留下来的物种就像是从"造物主的实验室"中走出来的。造物主做了各种稀奇古怪的尝试，想从类爬行动物发展出哺乳动物。这个活化石能在百万年的演化中存活至今，是因为它在故乡澳大利亚东部及塔斯马尼亚岛上几乎没有天敌。偶尔会有地毯蟒或袋獾逮住一只鸭嘴兽，但这种情况十分少见。

究其原因，原来是鸭嘴兽有一种效果卓群的防御武器。如同蝰蛇有两颗毒牙，这种哺乳动物也有。不过毒牙不在嘴巴里，而是在后腿上，是两根空心刺。挤压时，腺体释放出毒素进入刺管。体形较小的动物一旦被刺伤便即刻死亡。它虽然不会致人死亡，但也会导致剧痛。

因此，鸭嘴兽也就成了自然界中少有的能够"寿终正寝"的动物。其自然寿命约为十年。

孩子们的飞毯——鼯鼠

季风疾速吹过新几内亚岛上的椰子种植园，20米高的树干随风剧烈摇动。不过在一棵棕榈树的树冠上，这场"海浪"看似并未对一种松鼠似的动物造成丝毫影响。

它刚刚发现了最爱的食物——一群蚜虫。它们的意义和抹了蜂蜜的叶片一样重大，所以必须得舔干净。它打开了肚子上的一只口袋，两只小宝宝就像小袋鼠一样跳了出来，也去舔甜食。

就在这时，母亲在树枝间发现了一条钻石蟒。那是一种长约3.5米的大蛇。它闪着光的表皮已经昭示了它的凶险。母亲大叫了一声，两个幼子立刻跳到它的背上，紧紧抓住它的毛。顷刻间，母亲就跳了出去，四肢伸展。那时，可以清楚地看到在它四肢的关节之间似乎拉起了一张"床单"，也就是翅膜。刚才还是胖乎乎的动物现在完全变平了，就像一块飞毯在空中翱翔，而它的两个孩子就骑在上面。

它就是鼯鼠，人们之前还叫它"飞鼠"。不过，可惜这块"毯子"并不能像鸟儿那样自由飞翔，它只能滑翔。但它可以从20米高的棕榈树上滑翔百米远，然后又在另一根树干上快速爬高，然后再开始一段新的航行。它就这样一直滑翔，直到甩掉敌害或是到达想

动物们的生存艺术

去的地方。

由于在树干底部或是地面上着陆有相当大的冲击力，所以在飞行途中，比较大的孩子们不会待在育儿袋里，而是趴在母亲的背上。

"男孩"贝贝是"飞毯"上的两位小乘客之一。三个半月前，也就是它刚出生时，它的体重还不足 0.2 克。有袋目动物的幼崽是所有哺乳动物中最小的，因为它们还会爬进妈妈的"肚子"即育儿袋里。

在 74 天大的时候，贝贝才第一次爬出袋中。它在一棵棕榈树高处树梢上的一个柔软的巢穴里，被 7 只成年鼯鼠软软的毛发所包围。它们分别是贝贝的爸爸妈妈（爸爸通常是一家之长）、两位年轻的巢友以及其他三位母亲和它们的孩子们。不过现在贝贝还只能用触摸和闻的方式去认识这些巢友。它现在还什么都看不见呢，因为在 85 日龄时它才会睁开眼睛。

对世界的第一瞥是件对其命运具有决定性意义的事情。因为大自然让小鼯鼠对所有它们在睁眼前只能闻见的动物（即它们的巢友）有了很深厚的基础信任。在此基础上发展而成的和平与友谊会持续一生。

至于那些贝贝睁眼后才遇见的同类，因为没有熟悉的气味，贝贝会对它们的任何行为都很戒备。

这种关系是如何体现的呢？我们应该很快就能从贝贝它们逃离巨蟒之后的经历中看出来了。在一个月圆之夜，贝贝和它的母亲刚捕食完昆虫，行在返巢的途中。那时，有一位陌生鼯鼠正悄无声息地爬上它们的棕榈树。贝贝爸爸起先以为那是一位难民，它只是想在这个树梢为自己的下一次滑行和旅程过渡一下而已。爸爸简短地呵斥道:"走开!"可来者竟然顶了一句。贝贝爸爸马上就意识到,它是想夺走它的棕榈树以及妻儿。

一场关乎生与死的较量就此拉开了帷幕。正如托马斯·舒尔茨-维斯特鲁姆(Thomas Schultz-Westrum)教授说的那样,鼯鼠天生就是每个同性同类的死敌。与他者平和友善的关系只可能在幼年时期建立起来,也就是依靠它们睁眼前在巢中通过近距离的嗅觉接触而培养的基本信任感。

若是两只素不相识的鼯鼠在"无鼠区"碰见了,好比在觅食的途中,它们会尽可能地远离对方,以避免致死性的争斗。可在筑巢区,为了捍卫自己的一棵棕榈树或是桉树,鼯鼠会拼到只剩最后一滴血。

当然,贝贝爸爸的两位巢友会帮忙。它们一起抗击了许多侵略者。不过这一次它们遇到了一位老手,它清楚地知道巢友要比族长胆小得多。

这场战争历时两天,最后以侵略者的获胜而告终。它接管了巢中所有的雌性以及尚未睁眼的孩子,而巢友与所有睁了眼的小男孩若不想死,就必须背井离乡。贝贝在最危险的青年时代幸存了下来。后来,等到它长大,它也带着自己的家室占领了一棵棕榈树。

长着天线腿的缆车——盲蛛

请您想象一下：您没有四肢，而是踩在八根细长且可弯曲的高跷上行动。这些高跷中有两根长达 10 米，其他六根均为 7 米长。您可以借助它们顺利地爬上一层高的房子，或者将这些杆子折起来，于是您便如缆车滑向地面。您现在大概对盲蛛罕见的外形有了一个大致的概念。盲蛛也叫收割者、"裁缝"、"补鞋匠"或是"长腿爸爸"。许多人还毫无道理地认为它是"极其可怕的蜘蛛"，并因而十分讨厌它。

虽然它叫盲蛛，可它才不是蜘蛛呢。[*]它既不产毒，也不织网。那它到底是怎样一种奇怪的生物呢？它要这么大的高跷腿有何用呢？"长腿爸爸"用它的六条腿像猴子一样在草地和庄稼"丛林"中爬来爬去。盲蛛可以像蛛猴用尾巴绕住树枝那样用腿的底部绕住草的茎秆。在紧要关头，它就能这样在草茎草秆间快速移动。

盲蛛的敌人无数。蚂蚁会爬上盲蛛细长的腿，将其从躯干上截下。鸟类会试图抓住它的腿，然后盲蛛会立刻自切，甩掉自己的腿。盲蛛的断腿还会反射性地抽搐半小时，以在逃跑时转移对手的注

---

[*]　盲蛛属于盲蛛目，而非蜘蛛目。——编者注

意力。

可惜的是，不同于蜘蛛，盲蛛失去的腿无法再生。但它还是能靠着七、六、五或四条腿继续前进。临近秋天时，我们甚至还可以观察到仅靠两条腿奔跑的盲蛛。因为它的八条腿中有六条可被牺牲，这个罕见的物种似乎就拥有了六条命。但盲蛛面对隐翅虫、蜘蛛、黄蜂、百足虫、小蜥蜴、青蛙、蟾蜍、鼩鼱、刺猬以及其他众多敌害时，为了不过早地将这六条生命用尽，它是如何保护自己的呢？

在白天，盲蛛会视情况将所有腿呈放射状展开，将自己藏起来。其中最重要的是第二对足，也就是特别长的那一对。那上面有微小的震动感觉器官，盲蛛可以利用它们感觉到靠近中的蜥蜴或隐翅虫造成的地面震颤。盲蛛还时不时地将这双脚像天线那样伸到空中，用来细听是否有黄蜂正在靠近。它是用腿来听声音的！

一般来说，它天黑了才出来。每走一步，它都要用这对超长"天线腿"扫描一下。它的脚尖处除了有触觉感受器，还有感受气味、味道乃至温度和湿度的感受器。整只盲蛛就是一部高度敏感的精密仪器。

不过盲蛛的视力很弱，它的眼睛长在躯干上的"炮塔"上，这种眼睛最多只是一台简单的光度测量仪，告诉它现在是白天还是晚上。

只要众多感觉器官中的一个发出了警报，盲蛛的躯干和腿就会紧紧贴在草的茎秆、树枝或石头上，用装死的方式把自己隐藏起来。它还有另外一种自我保护方式：它有两条腺体会分泌臭液滴附着在自己的身上，以此让多数敌害无法吃掉它，于是敬而远之。盲蛛还能在夜间利用长腿上的感受器判断猎物的位置，蚜虫、壁虱、小蜘

　　　　　　　　　　　　　　　　　动物们的生存艺术

蛛、小蜗牛、腐尸都是它的狩猎对象，偶尔还有一些水果。它会用颚将食物一块块撕下，滴上些许消化液，然后放进口中。

饮水对盲蛛来说是生死攸关的事。盲蛛至少每两天得喝一次水，否则它就会硬化，直到下一场雨才能将其解救。喝水最好的方式是享用清晨的露水。可若是缺乏条件，它就必须去寻找一些小水塘。奇怪的事情要发生了。为了能站在岸边将张开的嘴浸入水中，它必须用至少三条腿支撑身体向前，以克服水的表面张力。当口渴问题得到解决后，盲蛛的腿又要摆脱附着力。对那些上了年纪、身体有些硬化的盲蛛而言，当要离开水面却受阻时，宁可主动断腿。否则太用力会让自己跌进水中，然后淹死。这是动物王国中衰老死的一种少见形式。

雌雄同体的带状沙鱼

美国的佛罗里达礁岛群从佛罗里达南端起一路弯曲，一直绵延至加勒比海。鳄鱼礁岛群中的一座珊瑚岛，是一座拥有棕榈、沙滩、海浪和蔚蓝天空的天堂。

向海里纵身一跃，潜水者又遨游在了另一个天堂里。它身在一座珊瑚礁的魔法花园里，珊瑚礁闪耀着最为绚烂的色彩。

在珊瑚的旁边有两条蓝色的带状沙鱼正在舞蹈，它们属于石斑鱼亚科。一条大鱼身披闪亮的橙色鳞片外衣，上面点缀着深蓝色的斑点，吸引了一位颜色不起眼的同类。不用猜，大个子是一位"男士"，它正在绕着一位"女士"示爱。我们就叫它保罗吧。

现在它正和它的保罗娜并排站着，摆动着身体。它眼看着雌沙鱼的卵斜着向下沉去，就像小肥皂泡似的。保罗挤出它的"精液"，让卵受精。

接下来，一件如同怪诞故事的事情就发生了。在保罗做完这个动作几秒钟后，它的华丽外衣一闪，鲜艳的橙色褪去，深蓝色的斑点不断变大，直至覆盖全身。它的身体表面变成了带有紫色星点的深靛蓝色，背上原本竹排式的白色条纹也变成了黑色的边框。在此期间，保罗娜也闪电般地换上了保罗刚才所着的外袍。

现在，保罗娜不仅看起来像男孩子，它的行为亦是如此，正在向它的保罗示爱呢。突然间，保罗产出卵来，而保罗娜则制造精子。在第一次受精之后，雄性就变成了雌性，也就是从保罗变成了保罗娜。在带状沙鱼的身体中，同时存在着雄性和雌性的器官和功能，也就是雌雄同体或双性同体。它能够在几秒钟的时间里转换性别。

在多种鲔科、隆头鱼科、鲷科鱼类的身上我们都发现了形式不甚完美的性别转换现象，不过，它们的转换都没有带状沙鱼那么快。

这些动物大多数是在 3 岁进入性成熟期后才首次变为雌性的。5 至 10 岁期间从雌性变成雄性。

因此，在这种情况下，"先生"是"女士"的进一步发展阶段。另外，在这些动物中，只存在"小女孩"和"老男人"，而没有"小伙子"和"老妇人"。雌性是一种只在性成熟期存在的形态。

在"她"和"他"之间，一定有一些过渡形式。在 150 种不同的鲔科和石斑鱼亚科鱼类中，有一些鱼既不是雌性，也不是雄性，而其他的一些鱼则同时兼有两性，也就是所谓的同时雌雄同体。

这个过渡性的生命阶段持续的时长根据动物品种的不同而不一。带状沙鱼的情况相当极端，它们的快速变性的过渡期是一种持续性的常规状态。

这样的好处在于，如果雄性带状沙鱼找不到异性伴侣，它可以自己给自己的卵受精。

素食"吸血鬼"——狐蝠

日落后整整十分钟，在澳大利亚北部卡奔塔利亚湾的红树林沼泽里，沉闷的死寂一时间被千声鸣叫打破，那声响就如同涨潮时海浪的拍打声。一个个黑影阴森森地从树冠中飘出，飞影在四周晃动，越来越多的蝙蝠幽灵般划破夜空。烟云从红树林中源源不断地升起，仿佛地狱之门被打开了。上万只"吸血鬼德古拉"在空中盘旋，一支大型部队集结而成，又如同行军般在黑暗中消失。

这是狐蝠，也叫飞狐，是身长40厘米的哺乳动物，其"伞翼"长为1.4米。此时，它们正在黑暗的笼罩下从白日的卧房飞到60千米外猎物可能出没的地方。

不过，这种"超级蝙蝠"并不是吸血鬼，它们喜欢其他液体——任意一款果汁：无花果、橘子、柚子、枣、杧果、木瓜、鳄梨以及香蕉，听起来就无比享受。有一种蝙蝠的头部有一台强劲的"榨汁机"。那是生活在非洲的锤头果蝠，它的头会让人联想起巨型雪纳瑞犬的脑袋。它只喝下果汁，吐出挤压后的残渣。

当这支夜间飞行队闯入果园，梨汁自然一滴不剩。不过狐蝠给果园带来的损害并不大。因为为了便于出口与储存，果农已把一些尚未成熟的果实摘下来放进了冷藏室。而狐蝠只会食用那些已经完全成熟的多汁水果。

那些特别爱斗嘴的家伙挂在树上，不停地高声吵闹，其声响掩盖了一般吸食发出的吧唧声。当这些"空中部队"在新一天的第一缕曙光中飞回自己的住所时，时常还会发生更严重的争吵。在影院里，如遇儿童专场，在中场休息过后，常会有后排观众挪到前排，因而十分混乱。这里也是一样，尽管每只狐蝠在栖息的树上其实都有各自的床位。

狐蝠挪位置是因为，在它们的营地里床位也有好坏之分，最下面的树枝是最糟糕的位置。不仅因为在那里会一直被社会等级高的狐蝠的粪便淋到，还因为绝大多数敌人，比如蛇、巨蜥蜴和猫鼬，都是从下方开始攻击的。狐蝠不懂得使用警报，但地处下方的一位居民在落入敌方之口时发出的噪音会拯救位居高处的女士们和先生们。

地位越高者挂得就越高。在最顶端的几根树枝上，大约 12 只地位相同的狐蝠头头们差不多组成了领导层。它们整日都别想舒舒服服地睡个觉，因为总有拼命往上爬的家伙，而争吵也永无止境。

生活在非洲的肩毛果蝠拥有最强的地位意识。一旦出现有关地位的争吵（通常是在雄性接近雌性的情况下），"先生"就会将它伪装色的"战斗服"换成闪亮的"阅兵制服"。它会在肩膀两边各打开一个口袋，从里面翻出一簇飘垂的白毛。它看起来就像佩戴了标识地位的肩章，好似一个鼓手长。

在澳大利亚东部城市布里斯班的郊区栖息着大量的狐蝠，只有那里的狐蝠居民享有绝对平等的地位。它们挂在有轨电车上方的电线上，大家都处于同一平面，争吵也就不再发生了。每十分钟驶过一趟电车，它们就飞起来一会儿，然后又重新挂在上面。相较因争吵而无法安心入睡，定期飞起并不会怎么影响睡眠。

繁育时节，树木营地中的丑闻数量达到高峰。每只发情的雌性都会受到所有"男士"的欢迎，而它们会借机挤进领导层的树枝，在那儿安顿下来。拳脚相向的"女士们"也会加入"男士们"的争吵中。

这群"黑夜幽灵"的婚礼习俗只能用原始来形容。比如，一只雌性在高攀上"领导层人士"后，它会突然冷峻地竖起羽毛，这时，那个受刺激的情人会在营地里的广大居民中尖叫，以示抗议。于是，其他的雄性狐蝠马上也尖叫起来。接着，每只雄性抓住一只异性，将对方卷入它的翅膜"雨衣"中，不让它逃脱。雄性一直用肘窝卡住对方的脖子往下按压，直到它不再尝试反抗。十几只狐蝠会因一只雌性的"离开"而集体受到惩罚！

所以，狐蝠对于安全与地位的不懈追求导致了一个奇怪的结果，即：**仅占雄性总数 6% 的最高层占有了 80% 的交配份额**，而在那之后，它们又将已孕的雌性赶回易受敌威胁的营地低处去。

只有当雌狐蝠们怀胎产下幼崽后，居于高位的雄狐蝠们才会自愿将大树高处的栖息区让位给母亲们。这时，雌狐蝠就可以在高层树枝上布置一个"产妇房间"了。

第四章

防卫者是最好的发明家

临危昏厥的负鼠

　　负鼠在它露天饲养场的角落里懒洋洋地晒着太阳，与此同时，一条西班牙猎犬正被带到这里。这只猎犬总是参与有趣的恶作剧，它正想着自己又有了一个新玩伴。可是负鼠却误解了猎犬靠近的用意，它以为自己的末日到了，浑身的毛都立了起来，并且全身瑟瑟发抖。双方都一动不动，直直盯着对方，长达三分钟之久。

　　突然，负鼠倒下了，看起来就像昏死过去一样。它的脑袋向前垂下，嘴巴张着，双眼呆滞地凝视远方。看门人马上将惊呆了的猎犬带离了饲养场。而那之后，负鼠很快就醒了过来，犹如从沉沉的睡梦中苏醒，然后溜向了饲料盆。

　　是猎犬把负鼠催眠了吗？动物之间真的能使用催眠术吗？猫催眠麻雀，蛇催眠家兔，狗催眠负鼠？或者，在刚才的这个例子中，负鼠只是受到了极为普通的惊吓，它是因为受狗惊吓而昏厥的？是一种紧张而致的瘫痪吗？

　　为了获得确切的解释，肯尼思·诺顿（Kenneth Norton）教授在普渡大学复原了令负鼠紧张的场景，并在此过程中用设备对负鼠进行了研究。该实验可以确定负鼠是否受到了惊吓，是否昏了过去，是否睡着了、被催眠了，或者用一台"动物测谎仪"判断它是否只是在装死。仪器使脑电图可视化，并会给出关于大脑活动的类型。

奇怪的是，脑电图只在"攻击"开始时显示出负鼠有着强烈的神经活动，这表明了其机体内部的不安状态。之后，负鼠的脑细胞活动完全保持一致，甚至包括出现死一般的发愣状态以及"复活"时刻，也完全没有出现具有受到惊吓、丧失意识或处于睡眠状态特征的脑电图。因此，这位科学家得出结论：负鼠在生命受到高度威胁时会使用一种特殊的诡计。不过，尚不能判断它这么做是有意识的，还是出于本能。

更奇怪的事情还在后头。后来，这位科学家又在大量负鼠身上进行了重复试验。不过，他不再选取狗作为"催眠师"，取而代之的是一个木质的狗嘴模型，它可以像鳄鱼木偶那样做出"咬"的动作。这个狗模型没有躯干，不过负鼠应该可以看到：熟悉的动物管理员的胳膊在那个木狗脑袋处就不见了。尽管如此，负鼠仍旧迅速地进入了似死般的昏迷状态，而那只木狗的嘴巴其实只轻轻地碰了它一下。

以这种反应方式应对天敌显然是负鼠的一种根深蒂固的习惯。在负鼠的家乡美洲就有一则谚语，用来形容利用昏睡的方式应对危险的人，即"他们在装负鼠呢"。

这种行为乍一看像是自杀，但当负鼠遇到不吃腐尸，也就是在完成捕杀行为之前不食其肉的敌人时，这种行为就对生存有了重要的意义，它打破了"捕猎——死亡——吞食"这条传动链。敌害以为负鼠死了、腐烂了，就会掉头离开，这样，负鼠就得救了。

因气势而幸存——壁虎

　　非洲西南部城市吕德里茨市郊，村落与纳米布沙漠的分界线，在那里，每天傍晚都能看到一场迷人的大自然的演出。在火球般的夕阳落入大西洋之前，叽叽喳喳的音乐声在荒野上响起，震耳欲聋。它的音量逐渐增强，以至于似乎让空气也震动了起来。可是，就在太阳落下的那一瞬间，叽喳大师的演奏也戛然而止。随后，沉寂笼罩天地。

　　这上万只歌颂日落的小动物就是所谓的哨子壁虎，它们是一种不会令人联想到蜥蜴的爬行动物。正如其已经展现出的歌唱天赋，它们的诸多显著特征将其与近乎哑巴的蜥蜴区别开来。

　　在纳米布沙漠中还生活着沙漠壁虎。透过它玻璃般透明的皮肤，可以像在 X 射线屏幕上一样，从外部看见其脊柱与内部器官。不过人们基本上看不见这种壁虎，因为它就像一艘潜艇，"游过"镰刀状的大沙丘，捕捉等翅目昆虫。在干旱的环境中它可以忍受长时间的饥饿，只有当"斋戒日"多于 220 天时，它才会死。

　　亚洲西南部与中部的伊犁沙虎具有一项在全种族中堪称神奇的特质，而这个特质也将它推上家族的顶峰。当这种 20 厘米长的爬行动物受到狗的攻击，它就高高地直起身子，将喉囊鼓成气球状，像一条响尾蛇似的甩着尾巴，纵身跳出半米之远，怒吼着扑向敌手，一口咬下，并闪电般地逃离。

凭借这一剽悍的行为，伊犁沙虎吓退了大量天敌。甚至连人类都害怕它，并臆想其毒素猛于蛇毒，一咬致命。实际上，没有什么比伊犁沙虎更无害的动物了。只不过它们的防御架势太令人难忘了。

不过，绝大多数的壁虎还是喜欢受到夜幕的保护，比如吕德里茨的哨子壁虎只有在日落时才从它们的地宫中出来，捕食蜘蛛、甲虫、百足虫、蟋蟀以及蟑螂。仅有少数壁虎也在日间捕猎，那就是日壁虎，它是绿色的，匍匐在棕榈叶上。小猎鹰是它们最危险的敌害，这种鹰总是想在飞过日壁虎所在的叶片时将其"摘下"。不过，日壁虎演化出了一种奇特的防御方式。一旦日壁虎的眼睛发现有影子快速掠过，它就会自主下落，用腿着地，用这样的方式来躲避它的"飞机"，然后消失在植物丛中。若有一只猎鹰沿着棕榈林飞行，在它前方几米处就会下起一场"壁虎雨"，数百只壁虎落到地面，不过猎鹰通常连一只猎物也逮不到。

壁虎的另一种超级武器是它们宽宽的足趾。因为这些足趾可以让它们爬上垂直的玻璃板，并在天花板上爬来爬去。这种趾并不是吸盘，而是一种软毛垫子。至于它们是以何种原理附着在玻璃上的，有诸多说法，也就是说目前还没有确定的解释。所以，对我们来说，壁虎仍充满了谜团。

美丽昭示死亡——刚果蝗虫

12岁大的巴达（Bada）与他的三个伙伴在扎伊尔*的村边玩耍时突然大叫了一声。他差点踩到一只色彩艳丽、长约5厘米的昆虫，即一只刚果蝗虫。那是一种拥有惊人美貌的蚱蜢，它的身上有着红、黄、绿、蓝这些艳丽的海报色彩。非洲旅行者经常会看到这种蝗虫。

朋友们都嘲笑巴达道："你竟然怕这样一只小虫子！"又说"你肯定不敢抓它！"男孩不顾一切地靠近昆虫，但这只虫子根本没有向前跳或是飞走，不像我们惯常看到的蝗虫做出的反应。

只有一对可笑的粗短的小翅膀从它身体里伸了出来。那对翅膀根本不适合飞行，但它同样闪耀着最为华丽的色彩。

巴达把它抓了起来。就在那一瞬间，一种液体从它两条后腿与身体前部躯干的连接处冒泡而出。几秒钟后，它的整个身体都淹没在了泡沫中，一股令人作呕的恶臭冲进了男孩的鼻子里。

泡沫状的液体不是别的，正是这种艳丽的非洲蝗虫的无色血液。当遭到粗暴的抓捕时，它的血真的会因为害怕而溢出身披壳质的体外。血液有着地狱般的恶臭，富含毒素，这种毒素由蝗虫用它的食

---

* 扎伊尔，刚果的旧称。——译者注

物即大戟科及其他药草在胃液中调制而成。

漂亮的蝗虫有着令人恶心且具有强烈刺激性的气味与毒素，以致于几乎所有想要吃它的动物在生命中第一次把它放入口中后，都会立刻将其吐出，并再也不会去碰那些有着相同或是相近色彩的猎物了。所以我们将蝗虫的夺目之美称为警戒色，插在它身上的粗短的翅膀则进一步深化了这种美："所有天敌都尽管看着我，但我不会放过任何一个碰我的家伙！"

可男孩巴达和他的朋友们并不知道这一点。他们只知道在自己的村子里有时会食用在自制酱汁中炸过的飞蝗。这种昆虫属于蝗虫的近亲。当一小群飞蝗在村庄附近着落时，它们可能就成了食物。它们尝起来美味得就像蘸着蛋黄酱的小虾。

发生了什么可怕的事情？为了给伙伴们留下深刻的印象，巴达使出了自己全部的、稚嫩的男子气概，把蝗虫吞了下去。6个小时后，他死于心脏停搏。面对这种毒素就连巫师也无力回天。

对这种昆虫自身而言，明亮的色彩还有一个优点：在交配期，当雌雄蝗虫想要找到彼此时，它们就不需要像其他蝗虫那样开一场大型的叽喳音乐会了。

它们只需爬上一株高灌木的枝干，四处张望哪里有明艳的黄色，然后去约会。这样一种方法在地球发展史中是如此成功，以至于它们能够抛弃其他蚱蜢用来唱情歌的普通摩擦与尖叫发音器官。

观察一种动物如何利用自身独特的天赋在别的动物那里引发一连串反应，总是件令人着迷的事情。在这个例子中，自然的杰作就是动物用来自我保护的毒液。

这种毒液也用来保护后代。当雌性用它望远镜似的可伸缩的后腹部在地上挖一个 7 厘米深的洞、并在里边产下 50 颗卵后，它就会在洞中洒上毒素。它将卵包裹在了一个泡沫舱之中。这个泡沫舱能阻碍天敌食卵，保护后代不受伤害。

荒漠阳伞——南非地松鼠

　　地松鼠生活在南非的卡拉哈迪沙漠中，是我们的欧亚红松鼠的亲戚。在酷暑之日，它们会把自己特别巨大且浓密的尾巴当作阳伞来使用。1985 年，阿尔贝特·本内特（Albert Bennet）教授在野外研究时发现了这一现象。

　　在太阳升起两小时后，地松鼠从自己的窝里钻出来，用十分平常的方式啃食干枯的植物与种子大约一小时。然后，气温高起来，若它不赶快用毛茸茸的尾巴像阳伞一样遮住背，而任由阳光不停地灼烧后背，这小小的身体就会中暑而死。

　　接近中午 11 点时气温还会更高，这时，单靠"阳伞"就不够了。荒漠的地表温度也上升到了 50 摄氏度左右。尽管如此，这个滑稽的小动物若是不想饿死，也不能终止自己的觅食行动。所以，它现在采用"箭战术"。它连同"阳伞"就像一道闪电快速地从较为凉快的地洞中奔向一株植物，一口咬下，然后，又马上冲回洞中凉快一下。

　　这样的过程会持续四小时之久，直到地松鼠能在下午再次从容地使用"阳伞"，并在黄昏时饱饱地回到洞中睡觉。

让天敌毛骨悚然的蛇鹈

有些动物的外貌美丽动人，但还是会令其天敌毛骨悚然。蛇鹈便是其中之一。

在亚马孙地区，鸟类学家时常能观察到一只蜜熊是如何悄悄地靠近一只蛇鹈的。蛇鹈坐在洒满阳光的树枝上，展开翅膀晾晒羽毛。看到蜜熊靠近，蛇鹈并没有逃走，而是突然伸长脖子，像蛇一样在空中左右摆动着身体。蜜熊就像被蟒蛇施了魔法似的愣住了，然后倒了下去。这只鸟就这样伪装成敌人的天敌，用计谋拯救了自己。

蛇一般的脖子也极其适合运用类似于蛇的捕食方法。这种鸟先是没有攻击性地在内陆水域游泳，然后像潜艇那样慢慢潜入水中。蛇鹈的肺部产出大量气泡，其形似气球，并在经过身体各部后被呼出体外。此外，蛇鹈将自己缺少油脂的羽毛压紧，以挤出空气。就这样，它慢慢深潜，直到只剩下头部像一只潜望镜那样伸出水面。

接下来，潜行开始了。当它用双腿缓缓划行时，脖子高高向上伸长。若是在潜伏时发现一条鱼，比如一条水虎鱼，蛇鹈的头部就在原位保持静止，以便能够锁定猎物，身体则继续向前划行，并同时将脖子弯曲成 Z 字形。

它就这样悄悄地靠近一条鱼。接着，它像蛇一样利用强大的肌肉力量快速发起攻击，用合拢的、匕首般尖利的喙刺穿鱼身。

接下来将要进行的动作具有很高的难度，幼鸟需要学习数月才能完美地掌握它。此时，鱼只是插在蛇鹈的喙上，它们必须带着刺穿的鱼浮出水面，将猎物抽出，抛向空中，然后再次接住，将头朝下的鱼吞入肚中。

一开始，幼鸟们总是把鱼抛得太高了，以致鱼又落入水中，找不回来了。这之后，幼鸟们变得迟疑起来，有时整整一刻钟都吃不到食物。它们越饿，动作就完成得越糟糕。捕获的鱼类不同、大小不同都需要不同的、恰到好处的抛高力度。如果无法正确地估算，那就得挨饿。通常五分之三的幼鸟都会挨饿。

蛇鹈的领地通常在离巢数十千米外的地方，捕猎结束后它们并不能立刻飞回去。不同于许多水禽，它那缺少油脂的羽毛湿透后对于远距离飞行而言便太过沉重了。所以它必须先展开翅膀，在阳光下将其晾干。这个过程会长达一个小时。

这就是这种飞鸟为拥有如此完美的潜水技能所付出的代价。

动物们的生存艺术

长着珍珠眼眸的"童话城堡"——紫扇贝

15厘米长的紫扇贝就像一座被施了魔法的小小童话城堡，躺在智利海岸前的大西洋海底。这时，一只猎食中的章鱼正在向它靠近。不过，贝壳可完全不像大家想象的那样束手无策。

在紫扇贝的上、下外壳的边缘各有一条冠带，由共计40颗闪着蓝银光泽的珠子组成，它们可不是装饰品，而是看向四方的敏锐的眼睛。每颗珠子都有角膜、晶状体、玻璃体、虹膜，甚至还有两层重叠的视网膜，视网膜上有连接视觉中枢的神经束。它的构造原理如同人眼，只不过它要小得多而已。

随浪而动的面纱似的两块"华盖"看起来也很漂亮，它们同样也不是用来装饰的，而是构成了一个高度敏感的感官组，可以感受海水与海底的震动，感受触摸、气味和味道。因此，扇贝老远就能察觉到有敌害正在靠近。遇到危险时，这块"感知薄纱"能够马上闭合。

不过，扇贝真的能溜走吗？它可以！它将双壳张大，又马上像响板那样重新合拢。它借此将水从左右两条腺体于内腔挤出，并借用反作用力的原理如火箭发射般逃离。

网袋蜗牛也是完美的逃跑艺术家。这种动物通常在海底以人尽皆知的蜗牛速度缓慢地向前爬行。海星是这片海底区域最霸道的小动物捕食者。一旦海星的触手碰到了网袋蜗牛，哪怕是非常小心地碰了一下，它也会从壳内伸出一条长腿，用单侧翻跟斗的方式逃亡。

新西兰的鸵鸟蜗牛保持着这项"运动"的世界纪录。它能在 4 分钟内翻 50 个跟头，甚至还背着附着在它身上的海星，直到海星被抖落为止。

鲍鱼发展出了一种更为精妙的逃脱技术。遇到危险时，这种海洋贝类就会用铁饼状的硬壳将自己紧紧地吸附在礁石上。可当它发现有一只大海星用它的约 300 条管足十分有力地拉扯它的壳，并存在着被撬开的危险时，鲍鱼就会采取以下行动：它以粗厚的肉足为支撑，然后将身体抬高，突然间看起来就像是一朵伞形蘑菇。

它先是慢慢地以顺时针方向旋转，固定住的肉足就像一根扭转弹簧，它螺旋式地拉高、绷紧。绕着自身转了大概整整三圈后，鲍鱼就会短暂地停一会儿，然后朝逆时针方向高速旋转。在此过程中"魔鬼之轮"产生的离心力会将敌方甩到礁石的数米之外。

帽贝和孔贝则会运用另一种计谋。当海星接近时，它们马上就在贝壳表面翻出它们的外套膜。因其过于湿滑，敌方的管足就会从表面滑下来。

确实，防卫者是最好的发明家！

救子所致的"海洋大战"——海獭

海獭母亲放心地将它才十天大的宝宝放在了一座漂浮着的海藻之岛上，以便独自潜入水中捕食。它只习惯于去观察虎鲸和冰鲸这些死敌，而完全没有去注意附近那坐在兽皮艇上的捕捉皮毛动物的猎人。

可当它潜到水下时，这个人划船驶向了它的孩子，用钓丝捆住尖叫着的宝宝，把它拖到自己的船后，然后手持棍棒，等待着为了救子而匆匆赶来的母亲。

母爱真的强大到了甘愿自己被杀也要将孩子从绳结中解救出来的程度吗？

十天前的分娩过程剧痛万分，母亲还是在沙滩上的巢穴中忍了过来，没有叫喊一声。

产后它马上将3磅重的宝宝带入了水中。海獭母亲游着仰泳，将孩子放在它的肚子上，用双臂紧紧抓住它。母亲的身体就像一张活动的婴儿床，缓缓摇动。同时，它重重地亲吻着孩子，发出响声，把孩子从上到下都舔干净了。

仅过了3天，愉快的儿童游戏便开始了。妈妈将孩子高举到空中，然后又将它像球一样地放下。或者，它将开心得尖叫的孩子放在鼻尖上，保持平衡，好似正在参加一场杂技表演。后来，父亲也赶了过来，也像母亲那样满怀爱意地与孩子玩耍。

而现在母亲听到了被钓丝捆住的孩子的濒死尖叫，它快速上升，躲开狠狠锤下的棍子。它尝试咬断钓丝，背上遭到了两次猛击。它下潜一会儿，又重新上来，紧紧咬住钓丝，再也没有放开。

就在猎人抽出刀打算给海獭母亲致死一击时，他的兽皮艇开始迅速下沉。海獭父亲悄悄地从底下撞破兽皮船，将敌人完全击沉，救出自己的家室。

海獭父母全身心地爱着它们的孩子，这种关系并不一般，对后代而言有着关乎生命的重要意义，因为这类动物食用的是一些很难吃到的食物。即使是人类，在缺乏大量练习与特殊工具的情况下也无法处理它们，比如海胆、螃蟹以及厚壳的螺类。

这些都属于海獭宝宝在两年的课程中必须向父母学习的用餐技巧。海胆是菜单上的第一道菜，它们的尖刺相当可怕，以至于它们只有极少的几类天敌。海獭仰躺在水面，将海胆无刺的底面放在自己的肚子上。接着，它用双手从底部抓住海胆，将刺上折，直到将整只海胆的刺全都折断。然后它在壳上咬出一个洞，将内部的肉质舔出来。这听起来很简单，但亲爱的读者，您试试能否在手不被划伤的情况下完成这个动作呢？

鲍鱼是第二道菜，也是尤为鲜美的食物。它们是一种烟灰缸大的海洋贝类，为美食家所熟知。它们牢牢地吸附在礁石上，就连熟练的海獭也需要上下潜浮 20 次、并用一块石头作为工具才仅能打下一只来。吃的时候就更费劲了。现在，海獭仰躺着，它的肚子就相当于一张铺好的餐桌。这张"餐桌"的最底下是一块大而平的石头，

　　　　　　　　　　　　动物们的生存艺术

就被当作盘子或者砧板。接着，海獭将带壳的贝类置于其上，然后又拿起另一块笨重的石头。海獭双手拿着石头，一直敲击，直到贝壳破裂！真是一场充满艺术感的海面平衡表演！

寄居蟹是它们的下一道菜。海獭熟练地将其从壳中掏出，这样，蟹所寄居的壳就不会夹到它们的鼻子了。此外，菜单上还有贝壳和鱼。

海獭幼崽需要两年时间才能完美地学会所有的这些进食技巧，这样，它们就能自食其力，不会挨饿了。而在那之前，父母的关怀必不可少。同时，海獭和谐的家庭生活也是人类能与其建立友谊的基础。

从前，残忍的捕猎活动是人类的日常行为。可如今，除了非法狩猎的少数例外，人类已不再猎捕海獭。

若这种可爱的动物尚没有如此可怕的经历，它们就还把人类当作一种友善的动物。美国的潜水运动员吉姆·霍奇斯（Jim Hodges）有一个相当了不起的爱好，他在加利福尼亚州圣罗莎岛的海边度假时玩起了扮演"海獭群中的海獭"的游戏。

要获得这群有趣动物的接受、成为它们中平等的成员，并不是什么难事。在鱼店采购大量的可口美食，尤其是乌贼和螃蟹，然后再由这种动物给自己上几节课就可以了。

为了不惊吓到海獭，一开始，这位潜水运动员只是弹跳着慢慢靠近一群正在嬉戏的海獭幼崽们，他几乎就和一根树干一样。当他快要够到目标时，海獭幼崽的双亲突然赶到了。每个家长叼起一个孩子，用前脚将其抱住，然后消失得无影无踪。看来，他必须先获得家长们的信任。

他犯的第二个错误在于他总是随意地挑选一群海獭，潜水向它们游去。其实信任只能在个体关系的基础上获得。于是，他现在找到了一个家庭，常规性地与它们打交道，与一个雄性、一个终生忠诚于它的雌性、一个新生儿以及一个一岁大的孩子建立起了联系。这个人在其中很快就扮演起了"来自美国的富叔叔"的角色。

大约在第十天，吉姆·霍奇斯正在与海獭宝宝开心地玩着"抛向水中"的游戏。这个游戏是他从海獭爸爸那儿偷看来的。这时，响起了一声哨响。就在那一瞬间鱼鳍打到了他，海獭宝宝从他那儿被夺走，全体海獭也不见了。

"这可能是鲨鱼警报！"他的脑海中闪过一个念头。当海獭们纷纷爬上沙滩之时，他快速地逃进了他的船内。"其实没那么糟糕，"他自忖道，"以后你可以毫无顾虑地在海獭群中游戏了，因为它们能比你更早地发现任何危险，而且向你发出警报！"

如果吉姆·霍奇斯能在捕食的过程中帮上忙，那他在这群动物中就会比单纯投放食物更受欢迎。有一天他想到了一个注意，用锥子和凿子从岩石上打下海獭特别喜欢的美食——鲍鱼。

海獭群中的男女老少都因此十分激动。正如刚才所说的，海獭需要上下潜浮 20 次才只能得到一只鲍鱼。这种海洋哺乳动物通常只能潜水一分钟左右，要短于一个人在不携带压缩气瓶时能坚持的时间。但它们上浮的速度要快得多，仅 10 秒后又可以潜到 60 米的深度。遇到鲨鱼的威胁时，若它们通往沙滩的路线遭阻，它们就会躲在海底的岩洞中。只有在这种情况下，它们才能长时间地待在水中，长达 8 分钟。

而现在，来了一个特别的人，他配备了比它们的特殊石头还要好用的工具，而且只需潜浮一次便能凿下鲍鱼。

　　在观看这件"壮举"之时，吉姆和海獭父母都没有注意到它们的孩子丢了。它们在整片海域寻找了一个小时，哪儿都找不到幼崽。吉姆驾驶着他的帆船失落地回来了，他想倒在船舱中的床铺上。不过，已经有谁躺在哪儿了：是海獭宝宝，它还打着呼噜呢，声音震耳欲聋。

乌鸫如何识别敌害？

 宅旁花园对于一只小鸣禽（比如乌鸫）而言就如同非洲丛林对一个赤手空拳的人来说一样危险。一大早，猫就已经穿过了灌木丛，几只狗在草地上玩耍，伶鼬或石貂会快速入侵，普通鵟或红隼会从高处攻来，喜鹊或小嘴乌鸦暗中设伏，以抢劫巢穴或杀死雏鸟。

 在这里，只有及时逃跑才能得救。早春时节，到处都有乌鸫幼鸟钻出巢穴，最初几天它们还得依靠父母的帮助才能存活。可是它们究竟从何而知，在遇见的诸多生物中哪些是它们应该害怕的，而哪些不用怕呢？毕竟它们总不能见到只麻雀就落荒而逃吧！

 波鸿大学的埃伯哈德·库里欧（Eberhard Curio）教授就研究了这个问题。其结论是，在乌鸫群中有一种敌害宣传方法，借此方法将敌害的形象终生印在所有幼鸟的脑海里。

 动物行为学家想出了一个狡猾的测试装置，将一只乌鸫幼鸟与其母亲放在两只不同的鸟笼中，置于花园的草坪上，二者相隔 6 米。然后，实验人员将一只用帘子遮住的双格笼放到了两只鸟笼的中间，好让乌鸫母亲和孩子能一直看见它。

 这只双格笼中间由木板隔开，在靠近母亲的一侧放着一只猫头鹰，而在面向幼鸟的一侧则是一只大山雀。接着，双幕拉开。乌鸫

动物们的生存艺术

母亲马上就激动地发出了警报声。

在此情况下，鸟宝宝只能得出结论，它的妈妈在警告它，那这大山雀一定是致命的危险天敌。此后，在乌鸫幼鸟的一生中，它哪怕遇到一只很小的大山雀都会害怕到极点。

再后来，它自己有了小鸟，面对任何一只大山雀它都会发出尖锐而洪亮的警告声。它又通过这种方式教育自己的孩子们，要高度警惕这些动物。

这个错误被代代相传，所有意味着危险的敌害形象也因此被建构起来。而且，一旦背上了坏名声，短时间内也无法洗去。

相反，正如下面这个故事所展现的，好名声则持续不了那么久。在我们的花园里住着许多动物。有一天早上，我想拍几张乌鸫幼鸟的照片。它还特别小，头天夜里才刚刚跳出鸟巢。那时它在草坪上蹦来蹦去，对这个世界还尚未抱有恐惧。

我匍匐着向它靠近，当我们相隔三米时，小家伙甚至还朝我跳了过来。突然，不放心的母亲在远处的一棵灌木上发出了高声警告，因为它看见了我。但乌鸫幼鸟似乎觉得它的母亲并没有将我当成敌人，而是远方的另一种生物。

我就这样从这只小鸟那儿获得了一张"非敌害"的标签。在之后的几个月中，只要我出现在花园里，它也常常会向我飞来。我们建立起了一种友谊。

不过，有一天，与我亲近的那只乌鸫正看着我除草，期间总有大块的泥土碎片飞落。正在那时，我邻居的儿子装扮成印第安人吼叫着从树丛中跳了出来。

这只鸟儿受到了严重的惊吓。自那时起，它就在所有乌鸫邻居和后代中急迫地发出关于我的警告。好名声顷刻坍塌！而坏的呢，哪怕给它们喂了那么多的食物也得不到改善，直到今天还跟着我呢。

动物们的生存艺术

鸵鸟如何在狮子前自我保护？

鸵鸟真的会因为不想见到恰巧走过来打算吃掉它的狮子而把头埋到沙子里吗？对于这个问题的第一个疑点是，倘若这是真的，可能世界上已经没有这样的非洲巨鸟——因为它们应该都被吃掉了。那么，究竟发生了什么呢？

在巢中孵蛋的鸵鸟通常会用它长长的"望远镜"远望草原，并能发现任何一个尚在 4.5 千米之外的敌人。

然后，它用喙拔下四周的枯草，以此将亮白的蛋伪装得好似一件军用秘密武器。接着它便离开了现场。一头并非偶然"溜达"到这里的狮子从不会发现这些鸟蛋。

鸟家长自己也没有受到威胁。因为它有 52 千米的时速，不仅跑得和狮子一样快，还能把翅膀当成"方向舵"，在全速前进时急转弯，害得狮子总是白跑，不久就放弃了追捕。

有时，雄鸵鸟在转弯之前也会让狮子靠近自己，让自己差点就要被抓到。但这也是个计谋。在鸵鸟突然改变方向的刹那，它会用它有力的腿蹬狮子一脚，将其踹向空中。

但有时情况也会变得很危险，比如一只鸵鸟正在孵蛋，没有及时注意到正在悄悄靠近的狮子等猫科动物，它就没时间隐藏巢穴了。

如果鸟家长此时逃走，它自己还可能有机会保住性命，但其巢穴很快就会被洗劫一空。所以，此时，它就采取了一种让它背上愚蠢名声的办法，也就是在残酷的事实面前闭上眼睛，让自己变成替罪羊……其实，这种说法对它很不公平，让我们看看那种情况下到底发生了什么：

雌鸵鸟本身就有着与草原极为相配的伪装色，因此，此时它就把自己当成了鸟蛋的伪装罩。它将身体平趴在巢穴上方，翅膀伸到旁边，然后把它长长的脖子连同脑袋一起前伸，紧贴于地面之上。这样，它就会被当成一根腐烂的树枝。

注意！雌鸵鸟并没有把头埋进沙子里，而是伸直贴在上面。它从蛇的视角看到敌手了，但是它没有逃离现场，而是保护着它的鸟蛋。事实上，有三位致力于研究鸵鸟生活情况的行为学家已多次观察到一个现象，即一头狮子或一只猎豹是如何在几米外漫步经过而未发现趴在那里的鸵鸟及其巢穴的。鸵鸟就这样拯救了自己的鸟蛋。

不过，鸵鸟并非有意识地做出这种保护孩子的行为，而是出于本能。所以，即使周围没有伪装条件，遇到险情时它也会趴到地上，比如趴在一块白而平的地面上。在这种情况下，这是一个糟糕的决定，它也只能自食恶果了。

但是，还得强调一下，鸵鸟妈妈本可以保全自己的生命，可它甘愿保护孩子，所以，人们其实应该把"鸵鸟政策"理解成一系列准备好牺牲自己以保护弱者的行为。

无论这种充满母性的英雄行为是有意而为之还是单纯出于本能，都改变不了我们对这一行为的高度评价。

有时本能也会引发一些荒诞的错误。一次，上百只草原斑马正

动物们的生存艺术

巧成群地朝一个装满了鸟蛋但伪装得很好的鸵鸟巢穴走去。就像对付狮子那样，鸟妈妈在斑马群离巢穴尚远之时就悄悄地离开了巢穴。

但当斑马离鸟蛋只有百米远时，鸵鸟母亲突然跳了起来，表现出一副一瘸一拐的可怜样，它耷拉着翅膀，跳来跳去，好像自己濒临死亡。

用专业的话来说便是：它在诱敌。在狮子和猎豹面前，这种方法有保全生命的意义。鸵鸟母亲这么做，就好像它是一只受了重伤的易捕猎物，以此将猫科动物的注意力从巢穴引到自己身上。若是敌方随后冲向自己，它就会立刻恢复到极佳的身体状态，逃离上了当的猎手。

可是斑马对这出"垂死的天鹅芭蕾"毫不关心，依旧向着巢穴走去。鸵鸟妈妈在最后一秒冲了过来，将展开的翅膀挡在其巢穴之前，像条蛇那样发出嘶嘶的响声。然后，斑马就让了道，走到了边上。在最紧要的关头，难道不是这些许的理智战胜了本性的执拗吗？

第五章

惊人的捕猎方法

红鹮（来源：Rafa Esteve）

雄凤尾绿咬鹃（来源：Harleybroker）

蓝凤冠鸠（来源：Gunawan Kartapranata）

火烈鸟（来源：Aaron Logan）

极乐鸟（来自：Andrea Lawardi）

雄红腹锦鸡（来源：Linh Do）

箭毒蛙（来源：LiquidGhoul）

北美红雀

一只蛇鹈在晾晒翅膀（来源：Mdekool）

蛇鹫（来源：Donald Macauley）

仓鸮（来源：Stevie B）

红石蟹（来源：Diego Delso）

花栗鼠（来源：Cephas）

利用"侦察机"与诱敌法猎捕海豹的北极熊

　　北极熊知道多种极其惊险的在极昼捕捉海豹的方法。一种方法是长时间地埋伏在一个呼吸孔旁边，那是环斑海豹在没有裂缝的冰层上用牙齿咬开的一个孔。体重不到 90 千克，体长不到 1.4 米的猎物一旦露出脑袋，北极熊就会快速而猛烈地击打它，然后用爪钩和牙齿将其拖上来。要是孔口太小，熊就在拖海豹时折断其全部肩骨、肋骨以及髋骨。

　　第二种捕猎战术是水下攻击。一个长达 2.4 米、重 800 千克的大块头北极熊潜到浮冰下方，有一只海豹正在冰面远远的边缘处午休，熊就从水下靠近它。北极熊能够在极其寒冷的水里潜水 2 分钟，深度可达 2 米。

　　然后，它以 2.6 米的射高将自己"发射"出去，从水里直接跳到海豹的跟前，阻断这只害怕得要命的动物通往水中的自救之路，接着将其杀死。

　　对动物行为学家来说，至今最令人费解的是：北极熊如何接近一只在冰面上晒太阳的海豹。因害怕来自水中的攻击，海豹会一直盯着冰下。

　　在距海豹 30 千米外，四处游荡的北极熊就能得到关于海豹的消息，并开始悄悄靠近。潜近的过程可能长达 5 小时之久。

北极熊是如何在隔得如此之远的情况下感知到它的猎物的呢？狮子和棕熊只有在距离 1 500 米时才能嗅到猎物。若北极熊要在 1 500 米时才能碰巧发现附近的海豹，那么，在广袤无垠、几乎毫无生气的北极地区觅食的它在感知到猎物之前可能就已经饿死了。

现在极地考察员揭开了这个秘密，北极熊靠的是接力侦查！这个独行侠不停地在数千米的辽阔冰原上行走，它其实根本就不孤单：四至六只白鸥和一只北极狐始终陪伴着它。

这些白鸥可不只从北极熊餐后剩下的尸体中获益。作为真正的共生动物，它们通过远程侦查的方式为捕猎的成功做出了积极的贡献。

当其他白鸥远远地飞到前面搜寻海豹时，至少会有一只白鸥待在北极熊的身旁，并盘旋飞行，为其他高飞的同伴指引方向。

如果一只白鸥发现了丰富的资源，它便会在猎物的上方高声盘旋，将其他白鸥招呼过来。其他白鸥同样开始尖叫起来，也是为了将北极熊的注意力吸引到猎物的方位上。海豹却丝毫不会因白鸥尖叫而变得不安，它完全明白这类动物是不会对它造成伤害的。

一旦北极熊走到离这儿几百米远，北极狐就开始行动了。在北极熊逆风逼近的同时，北极狐则从另一侧招摇地靠近，在海豹的鼻子前跳来蹦去，纠缠着它，海豹则一次次地驱赶它。

当然，海豹其实并不把小白狐当回事，只不过它的目光一直停留在北极狐身上，也就放松了对另一侧的警惕，直到突如其来的北极熊将其拍倒。

动物们的生存艺术

撑伞捕鱼的黑鹭

　　大多数鹭类在捕鱼时都会遇到和钓鱼爱好者类似的问题。苍鹭、草鹭、大白鹭和小白鹭长时间一动不动地站在水中，等着一条鱼游过来，并捉住它。这种获取食物的方式虽然安静从容，可是极为耗时，尤其是五至七次攻击最多也只能成功一次。

　　鹭类的体形越小，其颈部的攻击射程也就越短，因此在捕鱼时成功的几率也就越小。牛背鹭的个头相当小，所以它早就将自己的猎区转移到了陆地上，捕食那些被牛与其他有蹄类哺乳动物在吃草时惊飞的昆虫。

　　生活在非洲东部与中部的黑鹭的个头也和牛背鹭一般大，即身长约 60 厘米。但它们则老老实实地捕鱼。这不过是因为它们发明了一种尤为精明的方法，能用对自己最有利的方式来控制猎捕对象的行为。

　　一只黑鸟相当快地穿过平静的水域。它突然向前弯下身子，用力向前展开翅膀，让两只翅膀相接，摆出一个好似雨伞或罩钟的造型。这只"钟"（它因此得名"钟鹭"）的边缘几乎贴到了水面。它的颈部和头部也都藏到了这顶华盖之下，准备刺击。

　　这一鸟类世界绝无仅有的捕鱼行为十分神秘。黑鹭"撑伞"有什么效果呢?

只见过照片的理论家猜测,遭到其他天敌捕食的鱼类可能把投下阴影的"伞"当成了一处能够救命的避难所,所以愿意藏在那里,以为自己正在逃脱厄运——但那个藏身处是个圈套!

这个说法听来虽然很有说服力,并出现在许多动物学书籍中,但它其实是错误的。在快速趟水这一步骤之后,黑鹭以看起来十分危险的动作打开了它的伞,但只撑开了大约 4 秒。单单这一事实就驳斥了这个说法。

1982 年,奥地利的鸟类学家汉斯·温克(Hans Winker)发现了真相。他不仅观察了鹭类,还观察了鱼的反应。其结果的惊人程度一点也不亚于老的论点。

当大片阴影将鱼群笼罩时,鱼群感受到了巨大的威胁,然后会用两种抗敌策略做出反应。最长只有 2 厘米的小鱼身陷恐慌,而后逃跑。它们尽管逃走好了,因为要作为黑鹭的饭菜它们本就太小了。而大一些的鱼则吓得愣住了,它们一动不动,而伪装色使其在水底难以辨认。

为此黑鹭想出了一个对策。它十分突然地撑开它的"雨伞",这样,在鱼群吓呆之前,它还能在刹那间观察到它们,鱼群的"伪装帽"也因此不再起作用了,黑鹭便可以从容地捕食它们。

这一举动显然是受本能所控制的。事实证明了这一点:当黑鹭被捉后,每当面对饲料盆它还是会撑开自己的伞。除此之外,它完全不会用别的方法进食。

动物们的生存艺术

美的实用性——小白鹭

从前，风月场的妇人都会用少见的小白鹭羽毛来打扮自己。从某些角度来看，这样做不仅艳丽，而且也很实用。

羽毛的"捐赠者"本身同样是动物中的选美冠军，它是生活在旧大陆温暖地区的小白鹭。它身上的每一处装饰也都富于实用性。

它那身可以用来打洗衣粉广告的洁白羽毛就十分实用。那可是一件热带防晒服！人类的防晒服用的是土黄色，因为它不像白色那么易脏。

不过，小白鹭吃鱼时不是也会溅脏自己吗？那是否小白鹭的羽毛也应该用土黄色呢？其实根本不必。因为它一直都随身携带着一种完美的"洗衣粉"。当小白鹭用喙去钳羽毛时，一些白色羽毛的尖部就会折断并落入泥土。

这些粉状绒毛为小白鹭提供了洗衣粉。小白鹭用喙将其撒在脏了的羽毛上，让它浸一会儿，然后又用利爪将粉和所有污渍一起刷掉。

尤其在发情期时，雄白鹭必须将那顶从头顶长长拖下的白帽以及超级加长版的肩羽打扮得光鲜夺目，它的肩羽就像婚纱般在身边飘垂。

这样，"先生"在求爱时便无须再做额外的付出了。而在树最底下筑巢的小个头同类就要使出全身力气从巢穴中跳起数米高。在"高层"居住的大个子认为这种体操练习有损自己的尊严，它们悠然自得地待着……最多拉点什么在低处住户的头上。

而新婚夫妇双方也考虑得很实际，二者各有各的想法。"她"似乎认为："现在我确乎已经把我的丈夫拴住了！"所以它不再飞去喂食，而是只管自己进食。与此同时，"他"回到巢穴里待着。但它绝不只是为了守护巢穴，防御陌生的"占房者"，而是为了给其他的"女士们"建造大院。

观察到这种行为的动物行为学家莫克（D. W. Mock）教授这样指出："雄白鹭利用这段时间锁定另一只伴侣。万一老鹰把它的妻子吃掉了，它也有条后路。"

小白鹭长达 56 厘米、重 500 克的彩色身体同样生得很实用。它的柠檬黄的脚趾头看起来很美，但那其实也是捕鱼的骗术。

与其他的鹭类相反，小白鹭不是埋伏型猎手，而是跟踪型的。它慢慢地穿过水面，不发出任何声响。同样，在飞行时，它将令鱼生畏的影子拖在身后，这样就不会把鱼吓跑。

一旦它来到一只猎物的附近，它就会像标本般停在原地，将一只脚向前伸到淤泥里，然后微微翘起一根脚趾。鱼把黄黄的脚趾当成了一条肥美的虫子，想来咬一口……不过，在这一瞬间，它自己已经被吃掉了。

动物们的生存艺术

伪装成雪崩的进攻——亚洲黑熊

冬天的喜马拉雅山，大多数动物都离开了山顶地区，下山来到偏僻寂静的山谷。在一个小溪谷里，一群克什米尔马鹿为了寻找食物试着用鹿角将雪推到一旁。此时，在上方大约 200 米处的斜坡上发生了一起小规模的雪崩。

一个直径半米的白球正正地冲向鹿群。一些马鹿试着逃跑，另一些则感觉离群了，想再次与鹿群取得联系。那时，"雪球"撞到了一头年轻的马鹿，突然间，"雪球"伸出了两条胳膊、两条腿，摇身一变成了一个黑乎乎的东西。它恐怖地吼叫着，用一记前爪攻击打断了这只鹿的脊椎。

这是亚洲黑熊的又一次攻击——动物王国中一种特别的狩猎方式！但在逃离人类时，黑熊也能以这种卷曲滚动的方式甩掉跟踪它的人。当地人称它为鬼魂、幽灵。所以，一些研究者希望在它身上发现这种传奇的"雪人式狩猎法"的内核。

当身长 1.6 米、重达 120 千克的亚洲黑熊卷成球向下滚的时候，颈部为什么不会折断呢？它一方面受到尤为坚实的颈部肌肉的保护，另一方面，它还有"衣领"，那是它厚厚的皮毛，它有着超长的肩部、脖子与后颈毛发。所以当它站立时，看起来就像驼背似的。

它的这一身体特点使得它不同于其他熊类，它在寒冷的季节里也能找到足够多的食物，也无须找一个洞过冬。

就另一方面而言，这一情况也让亚洲黑熊没有住房烦恼。夏天时，它就简单地在树的高处盖一个睡觉用的窝。而到了冬天，它在雪层上方为自己准备了一个用树的枝干做成的床位过夜。棕熊之间会为了少有的几个现有的洞穴而争吵，但亚洲黑熊可不会。

所以，在尚未出现武器之时，它们早早地就大规模向外繁衍了。从巴基斯坦穿过北印度与喜马拉雅山，而后继续穿越中国，直到越南、韩国和日本。亚洲黑熊让这些地方都成了可能的栖息地。

自然塑造的这一"动物模型"极其成功。除了前述特征以外，黑熊还拥有一般熊类的特征。这对黑熊而言有着重大意义，即它们不只吃肉类，而且还能以生素食为食。熊喜欢吃浆果、葡萄、玉米、大米、荞麦、瓜类、植物的根茎、蜂蜜、蚂蚁和其他一些东西。

几年前，有两个中国孩子在一棵大灌木前采摘覆盆子。他们很快察觉到了声响：在另一侧还有谁在收果子。他们正想一探究竟，忽然就站在了一头大黑熊的跟前。但黑熊太喜欢吃果子了，以至于完全没有想去追赶大叫着逃跑的孩子们。

装上了 F1 赛车底盘的猎手——猎豹

猎豹是动物中速度最快的"步行者"。经研究者精确测量，猎豹可以以 112.7 千米的最高时速及一跃 5 米之势扑向它的猎物。在百米赛道上，仅 3.2 秒它便可以抵达终点。

可是，有一种动物具有赶上并捕杀猎豹的能力。令人惊奇的是，那就是人类，且无须任何技术手段的支持。因为猎豹冲刺大约 500 米后便会上气不接下气，必须休息一阵子。

南非卡拉哈里沙漠中个头矮小的布须曼人就利用了这一点。他们以马拉松比赛保存体力式的速度跟在快速奔跑的猎豹身后，而这只动物只知道惊慌失措地全速逃跑，或是站定侦查、喘息一会儿后又拔腿奔驰。经过历时一个半到两小时的长达 3 万—4 万米的奔跑后，速跑冠军就完全筋疲力尽了，只好放弃。

同猎豹相比，狮子或老虎的奔跑速度就如同蜗牛。在野外，只要羚羊、角马或斑马能及时发现狮子，就没有谁甩不掉这种猫科动物的追捕。

所以，狮子只有悄悄地潜到离羚羊足够近的地方，并在羚羊加速至最快速度之前猛扑过去，它才有成功的机会。如果狮子错过了这一秒，那它还是立即停止冲刺吧。因为以它大约每小时 55 千米的最快速度绝不可能赶上时速在 70 至 80 千米之间的敏捷的猎物。

问题出在"底盘"的构造上。狮子的前爪强劲有力，力量惊人，一击便可折断水牛的颈部，但也因为这样它无法跑快。这与猎豹截然不同。猎豹并非凭借前爪的攻击使敌致命，它靠的是扑咬颈部。猎豹扑向猎物的脖子，将其咬住，直至其窒息。若猎豹未咬住咽喉处要害，整个过程可长达 10 分钟之久。

不同于狮子，猎豹拥有十分细长的短跑选手的腿。尤其是它的后腿，要长得多，而且有着很强的向前抓击能力。所以，除了在完成 5 米远的跳跃时，猎豹极少离开地面。正如每个跨栏选手所知，跳跃之后必须让腿尽快重新着地，以便重新加速。

猎豹腿部的构造最优地实现了这一原理。不过这种动物也必须为此忍受一个严重的缺点。该发现来源于乔伊·亚当森（Joy Adamson）女士，她是著名的母狮艾莎的养母，也在非洲的荒野上抚养了一只猎豹。

当狮群将一只猎豹逼上树，有时会出现猎豹从高处跳下折断一条腿的情况。对快速猎手而言，这往往意味着饥饿而亡。而这就是高配置的"F1 赛车底盘"的缺点。

不过一件奇怪的事情又由此产生了，即这个快速猎手只有在全速奔跑时才会发起攻击与猎杀。安静的猎豹其实就像一只温柔的小猫咪，这也是人类或电影明星能无须担心危险而将其当作拍摄现场可碰触的"道具"的原因。

　　　　　　　　　　　　　　　　　　　　　动物们的生存艺术

巨兽的活牙签——牙签鸟

在苏丹南部的深处、白尼罗河流域名为巴赫尔 - 贾布里勒的地方，坐落着当今尚存的最后几个鳄鱼天堂之一。

在一块沙土岸边，有 30 条这种长达 7 米的"龙"趴在烈日下，它们张开嘴、露出牙，喘气散热。

突然，有一只小鸟小步快走地到了沙滩上，并直接朝着鳄鱼走去。它身后还跟着 3 只非常小的幼鸟，正叽叽喳喳地大叫着。英国的鸟类研究者罗伯特·迈纳茨哈根（Robert Meinertzhagen）简直不相信自己的眼睛。

这难道不是自杀吗？当羚羊和斑马喝水时，尼罗河鳄鱼就像蛇一样咬住它们的腿，将其拖入水中并淹死。尼罗河鳄鱼还真的不只吃羚羊和斑马，它们最主要的猎物是鱼类和鸟类。它们就如潜艇般潜水追捕水中的鸟类，一口就将完全惊呆了的猎物吞入肚中。

而现在，这只鸟竟然急匆匆地去见食鸟者，而且似乎没有什么比这更着急的事情了。正如研究者所指出的，这是关于所谓的牙签鸟（学名：埃及鸻；其他别名：鳄鸟）的故事。这种鸟是一种 22 厘米大、形似凤头麦鸡的涉禽。

接下来发生的事情在希罗多德、亚里士多德、普鲁塔克以及普林尼的笔下都有记载，只不过现在很少能够看到罢了。

小小的鸟群快步跑到几条鳄鱼周围，在它们靠近的过程中，其中一只鳄鱼拼命张大嘴巴，鸟群就在它的身旁停了下来。鸟妈妈毫不畏惧，拍着翅膀灵巧地飞进了鳄鱼的嘴巴里。它用喙在鳄鱼的牙齿之间啄动，取出其中小块的鱼渣碎肉，拿给等候在外的幼鸟们。原来它是鳄鱼的一根飞行牙签！

牙签鸟母亲一次次地返回鳄鱼口中，甚至为大鳄鱼从舌头上啄出大水蛭。

我们已经知道，这类爬行动物急需这种口腔清洁方式，就像我们必须刷牙一样。尽管如此，我们鲜少见到牙签鸟在从事这项工作，其原因有三：

首先是因为如今鳄鱼的数量越来越少了。在尼罗河中下游，这类动物已经灭绝了。如今，那里也不再有牙签鸟了。

第二个原因是这种大型爬行动物只需每两周或三周进食一次。必要时，它们还能禁食数月。因为作为变温动物的它们不需要提高身体的温度。

而第三个原因则是作为清洁工的牙签鸟在水下有竞争对手。例如，在美洲鳄生活的古巴，有一种身长 2 至 3 厘米的鳉形目的鱼会清洁食肉动物的口腔。如果水下的"同事"已经帮忙刷过牙齿了，那么，鳄鱼就不会再要求鸟类来做这件事了。没有许可，牙签鸟可不敢上岗。

大鳄鱼和小鸟之间甚至存在一种正规的符号语言，这种语言可帮助它们就最重要的事情达成一致。

如果牙签鸟希望清洁"龙"的内部口腔，就会在它眼前做几个大幅度的高空跳跃。但如果鳄鱼正闭着眼在那儿打盹，没有注意到这个小家伙，它就会再叽叽喳喳地叫唤几声。

如果巨兽很想牙签鸟来清洁自己的口腔，它就会张开嘴巴。如果它在喘气降温时已经露出了牙齿，那它就会把嘴巴再张得大一点。

得到同意后，牙签鸟就绝对安全了，它一定可以活着且毫发无伤地从地狱之渊离开。接着，它就钻了进去。

当它在鳄鱼的口腔里爬来爬去、啄食鱼肉残渣与水蛭时，它还将自己的冠羽像凤头麦鸡那样上翘，让它碰到"龙"的上颚。至于这是否会让鳄鱼觉得痒痒，我们就不得而知了。这个信号的意思肯定是让"顾客"不要因为疏忽而忘记它还留了位清洁工在自己的咽腔里，不要意外将其"干咽"下肚。

尼罗鳄通常会安安静静地等到清洁完全结束。毕竟，和人类的一样，牙间的食物残渣令人感到不适，更别提由水蛭带来的痛苦了。

不仅要保全"活牙签"的生命，还要好好地对待它，这关系到这个大个子的切身利益。鳄鱼不仅用从自己口腔中取出的"食品"来犒劳清扫工作，而且还保护鸟儿不受敌害的威胁。

鳄鱼有时也会在保健工作结束前就想闭上嘴巴，大概是因它想要逃到水下躲避天敌。可就算它再匆忙也从不会忘记先快速甩头，估计是在说："小鸟，快出去，有危险！"而后，立马就能看到鸟儿飞了出来。

可是只要牙签鸟待在口腔外部，它通常就是第一个发现危险的动物。比如，刚才，当它又在鳄鱼嘴旁喂食幼鸟时，就发现了藏在暗处的研究者。它向空中有力地发出危险警报，于是，所有鳄鱼都吼叫着一起快速逃入了水中。这种鸟的名字确实是实至名归 [*]。

可那时小鸟和自己的孩子们突然被孤零零地留在了沙滩上。如果鳄鱼在，它就无须害怕任何敌人。可现在，它必须大大提高警惕。

过了一会儿，它发现了一只在空中盘旋的老鹰，它再次发出了警报。三只幼鸟马上就跑到了鳄鱼的脚印里。母亲快速地用喙拿沙土将脚印填平，只露出三个小喙尖用来呼吸。在它自己飞进由几棵荆棘灌木组成的掩体之前，它通过掩埋的方式让孩子们避开敌方的视线。这在鸟类中也是一种特殊的行为。

为了保护鸟蛋，牙签鸟母亲还会将其埋入沙子中。哪怕在没有敌害威胁的情况下它也会这么做。美国鸟类学家、加利福尼亚大学学者豪厄尔（T. R. Howell）博士研究了牙签鸟这么做的原因。

正午时分，阳光灼烧着赤道附近的地区。这些地区的沙子温度经常可达 48 摄氏度。用这个温度可以做出全熟的早餐蛋，任何生命都会被烤焦。

正如鸟类通常做的那样，必须要在白天给鸟蛋降温，而非升温。直至不久前动物学家还猜想，把鸟蛋埋入几厘米深的坑里，然后由鸟妈妈遮上沙层就够了。但豪厄尔精确的测量则显示，那样其实还是会把蛋中的鸟热死的。

那么，牙签鸟的秘诀是什么呢？牙签鸟母亲先在河水中泡个澡，然后迅速冲回鸟蛋附近，沾湿覆盖在蛋上仅几毫米薄的沙层。由此蒸发散热，将蛋冷却到正常的孵化温暖。

鸟妈妈用喙上的"温度计"检查沙子状况，视情况去取水。在

---

[*] 牙签鸟的德文名为 der Krokodilwächter，直译为"鳄鱼守卫者"。——译者注

　　　　　　　　　　　　　　　　　　动物们的生存艺术

上午十时到下午四时，母亲每隔几分钟就要这么操作一次。清晨与傍晚的频率会低一些。而到了夜里，当天气变凉，鸟妈妈就会像一只完全"正常"的鸟那样孵蛋了。

用脚踢方式捕蛇的秘书鸟

　　当秘书鸟（学名：蛇鹫）母亲降落在一棵 10 米高的金合欢树多刺的树冠上时，鸟巢中 3 只毛茸茸的幼鸟便渴望地将它们的脖子伸到高处。母亲屈身弯向它们，呕了呕嗓子，可什么东西都没有出来。那时，一只雄幼鸟把头伸进母亲张大的嘴巴里，咬住了什么，然后开始使出全力往外拔。一条有着剧毒的鼓腹蛇的尾巴露了出来。一开始只有 30 厘米，然后变成 50 厘米、70 厘米。最后，一滑，一条 1.2 米长、男性手臂般粗大的蛇挂在了鸟宝宝的脖子上。

　　神奇的是，另一只幼鸟咬住了这只爬行动物的头部，然后开始像吃巨型意面那样从这一侧将其吞下。一场真正的喉咙对喉咙的拔河比赛开始了。母亲将猎物从中间分开，结束了比赛。

　　秘书鸟捕蛇是非洲热带稀树草原、干草原、灌木林地中最壮观的景象之一，因为一米大小的鸟完全无法对毒素免疫。它们每天最多觅食五次，而每一次它们都有生命危险。

　　蛇雕（学名：短趾雕）捕猎时用八只修长且匕首般锋利的爪子抓住猎物，接着将其斩首。而秘书鸟杀死猎物的方式则不同，它虽然有十分有力的腿，但它的爪子却短且钝，所以它只能将猎物踩死。当地人称秘书鸟为"绞蛇机"，他们几乎将其当成宠物养在他们的

　　　　　　　　　　　　　　　　　动物们的生存艺术

村落里，以减少游蛇和蝰蛇的威胁。

秘书鸟与鼓腹蛇之战是这里一件尤为特别的事情。鼓腹蛇这种爬行动物属于世界上最毒的蛇之一。就连狮子意外撞见这位毒牙兄时，也会吓得后退，然后绕个大弯避开它。鼓腹蛇会杀死并吃掉除了树眼镜蛇外的其他所有蛇类。

非洲医生估计，在这片大陆上，每年有 1.5 万人因为被蛇咬伤而丧命。其中，单单死于鼓腹蛇之毒的就有 8 000 人。

这种爬行动物似乎清楚地知道自己的危险性。因为当它下颚上的器官感受到一只较大的动物或是一个人靠近产生的震动时，它不会像其他蛇类那样爬向暗处。它就待在原地，像钢弹簧那样把身体缩紧，以便快速进攻。

只有一种动物觉得鼓腹蛇这种固执的行为正合其意，那就是秘书鸟。在它面前，蛇也不会逃跑。不过，这次是蛇的死期到了。

秘书鸟因其头上羽笔般的羽毛而得名。它先是展开 2 米长、充满张力的翅膀，在受害者周围跳着一种印第安舞蹈，迅速躲避蛇的每一次攻击，高高跃起，然后用双腿将全身重量压在蛇的身上。期间，它不断用一条腿去踢蛇的头部或颈部。

秘书鸟不仅用它巨大的翅膀来保持平衡和腾空跳跃，而且还将其当作盾牌与刷子，好在地面上横扫大蛇。

只要受害者还击，就是一顿脚踢伺候。但蛇是一种坚强的动物，于是消耗战历时许久。秘书鸟似乎能感觉到它何时击中了猎物的内脏。它稍稍向后抽身，看着蛇死前抽搐。当蛇毫无生命迹象后，它才返回，将整条蛇吞下。

下一个问题是起飞。这只大鸟好似一只"行走的老鹰"。它的腿跑得很快，连狮子和胡狼也追不上它。虽然它能在空中完美地翱翔，但在此之前它必须先从地面起飞，为此它需要至少 100 米长的跑道。它张开翅膀，全力奔跑，直到最终带着腹中粗壮、又肥又长的蛇一起飞到空中。

接着，它就这样向它巢穴的"睡美人的城堡"飞去。"城堡"建在一棵尽量多刺的金合欢树上，树的刺可以保护它不受地面敌害的威胁。

长着雷达脸的鸟——仓鸮

德国吕讷堡石楠草原的农民海因里希思想新潮，找人修缮了他的老粮仓。填平了壁橱，往洞里灌上水泥，或是用围栏锁住。现在，一切看起来都整洁卫生。

可在整洁的外表下却滋生着腐败。冬天，粮仓内部的老鼠数量激增，它们无所不咬。土豆种子也同饲用萝卜和储备粮一样几乎被全部吃光。

其原因在于，有一对仓鸮小夫妻在修缮粮仓时被拒之门外了。它们曾在梁上筑巢多年。这位农民绝对没有想到，仅一对仓鸮一年就能吃掉多达 3 000 只老鼠。不仅包括屋外田间、林中与草地上的老鼠，还有它们所居住的粮仓内的。

因为农民和建筑师都不清楚这一点，因此在装修时没有考虑到仓鸮的切身利益，给它们留一个精巧的通道孔，所以这种既有益又可爱的鸟类目前在德国境内正面临着严峻的灭绝危险，而老鼠则肆无忌惮地造成着污染。

这种鸟类捕捉老鼠的方法准确得惊人。它就像一个白色的黑夜幽灵，毫无声响地振翅，飞过夜空，甚至在超声波范围内也没有产生一丝声响。因为，老鼠能很好地感知到这种人类无法听见的高音。

它在尽量没有灌木丛的地带上方 5 至 7 米处飞行。这种鸟像侦察机那样总是使用同样的、成功率高的航道。那么，它在夜里究竟是如何找到猎物的呢？

仓鸮的视力胜过人类百倍。但老鼠也能通过夜幕映衬下的轮廓极好地辨识出它们会飞的天敌，然后飞速逃回洞中。所以反而是无月、多云的夜色更有利于仓鸮捕捉猎物。这听起来也很矛盾。在那样的夜晚，这种鸟就只通过耳朵来锁定目标的位置。

在美国工作的日本动物学教授小西（M. Konishi）做了以下实验：在一个完全黑暗的实验室内，他让一只老鼠在泡沫橡胶上活动，这样，老鼠就不会造成一点跑动声或悉窣声。在同一间屋子里，一只饥饿的仓鸮一动不动地站在它的杆子上。

可一旦研究者用一根 20 厘米长的绳子在老鼠身后绑上一张沙沙作响的纸，鸟就会准确无误地扑向那张纸。

仓鸮神奇的监听方位的能力要归功于它那张"塌陷"的脸。它的脸看上去就像一只漏斗，或与雷达的抛物面镜极为相似。它的脸的弯曲半径甚至能像眼镜一样让一定距离内的东西变"清晰"。如果拔掉它脸上的毛就等于宣判它将饥饿而死。因为在这之后，当它俯冲向猎物时几乎总是打偏。

此外，仓鸮可以完成简直要折断脖子的扭头动作。它可以在身体其他部位保持不动的情况下，向后转头接近 180 度。如果它将脖子向前伸，它的脸可以倒挂在脖子上，它就这样在伪装好的埋伏处探测出猎物的位置，而不会让一丝声响出卖自己。

侦探格兰贝尔大师 *——獾

19世纪20年代，一系列神秘的谋杀案震惊了德国汉诺威。四名年轻女性消失得无影无踪。证据最终显示，凶手可能将受害者的尸体藏在了埃伦泽溏即汉诺威的城市森林中。上百名警察对森林进行了仔细搜寻，却徒劳无功。由于数周的降雨，雨水洗刷掉了所有痕迹，就连警犬也失灵了。

一位来自威斯特法伦的守林人表示愿意承担这份工作。考虑到这确实不会有什么坏处，他的申请得到了批准。五天后，他将四具尸体悉数发现，警察局长瞠目结舌。

破案的秘诀在于，这个守林人用一根20米长的绳子将一只温顺的獾带在了身边，靠它搜寻每个木垛、枯木堆与树丛。尽管凶手用铁锹将受害人深埋地下，并将干树枝堆积其上，獾还是能嗅到"腐肉"的气味。一旦它疯狂地开始挖土，守林人便知道警察应该在此继续搜查。不过，它有几次也只是捅到了老鼠窝。

狗鼻子已经相当灵敏了，但在其失灵之处，獾那灵得多的嗅觉器官则起了作用。

---

* "格兰贝尔"出自欧洲叙事诗《列那狐的故事》，是其中一只獾的名字。——译者注

格兰贝尔大师的鼻子、听力和触觉都极其敏感，以至于它不同于犬类，其实獾根本就不需要眼睛。一位匈牙利野生动物学家最近包住了一只獾的眼睛，再重新放其归野，并在红外前照灯的帮助下在夜间跟踪它。

令人意外的是，丧失视觉能力完全没有给獾造成任何不便。夜幕降临后，它从洞里钻出，急匆匆地沿着它惯用的路去觅食，就像什么都没有发生似的。这条路是它经数十年踩出来的小路，也就是所谓的野兽小道。它还是能和之前一样熟练地找到食物：主要是蜗牛、甲虫、蘑菇、植物根以及浆果。

它感知世界的方式是人类完全无法理解的！

它还能挖出熊蜂、黄蜂和老鼠的巢穴，就连蚯蚓（所有哺乳期雌獾的主要营养来源）也不能和它玩"捉迷藏"。当獾迈着笨拙的步子蹒跚走来时，蚯蚓经常就快速地从地面上消失了。但格兰贝尔大师马上就能嗅到虫子方才所在的位置，用爪挖地，让逃跑的虫子又重新回到地表。

这一超强的嗅觉能力让獾将黑夜变成了白天。在这种情况下，日光只会妨碍它：人类看得见它，猎物也逃走了。明亮的月光也有这种效果，所以，在这种夜晚它就待在洞穴中。

顺便提一下，杀虫剂是獾最危险的敌害。英国研究者发现，一只獾一年里消灭的害虫数与 1 000 千克的杀虫剂一样多。但因为它也会吃掉中了毒的猎物，便也成了化学药剂的受害者。百分之七十的獾都以这种方式死于杀虫剂。

要弥补每只死去的獾所能杀的虫数，人类每年必须得多洒 1 000 千克杀虫剂。于是就产生了一种恶性循环，这就是人类对抗自然之力的伪调节能力。

　　　　　　　　　　　　　　　　动物们的生存艺术

四腿猎手中的贵族——美洲狮

　　美洲狮在爱情游戏中爆发出响亮的笑声，然后它又像个剧痛难忍的孩子大声呻吟。最后，它如一只鹦鹉般发出呱呱的声音，只不过它的声音更大，以至于200米外的生物也会吓得背后发凉。美国总统西奥多·罗斯福曾是一位伟大的猎手，他表示自己从未听见过比美国科罗拉多州卡农城的山崖峡谷里的美洲狮所唱的"交配之歌"更加神秘、更具野性的声音。

　　这种猫科动物以山狮或银狮之名闻名，如猎豹般高大、有力。可是当母亲为它的三四只幼崽哺乳时，它就会像一只家猫那样发出咕噜噜的声音。每头被印加人称为"美洲狮"的动物单凭一次颈部咬击就能杀死一头重达200千克的大美洲赤鹿。然后，它如游戏般轻巧地将沉重的猎物拖上千米之外的陡坡，用欢快的哨声表达它愉悦的心情，同时也通知藏在洞中的幼崽们快来拿自己的那份食物。

　　对人类而言，这个日暮猎手是一个几乎看不见的可怕的黑夜幽灵，没人知道它是否就潜伏在最近的树丛里。它杀死郊狼和灰熊幼崽，但不会夺人性命——除了极少数疯狂的美洲狮外。

　　尽管如此，猎人们还是想捕杀美洲狮，好像它是个魔鬼。狗能够轻松地发现它的踪迹，然后美洲狮马上就以一记七米的弹跳逃到树上。这样猎人就能方便、安全地射杀树上的美洲狮了。

如果美洲狮只是受了伤，猎人不会去找它，而是丢下它不管。在我们看来，这并不符合狩猎规则。但被击伤了的美洲狮会奋战到最后一口气，它如此凶猛，以至于糟糕的猎手可能有生命危险。

作为绵羊和山羊杀手的美洲狮在美洲北部、中部及南部的大片地区已经绝迹。但它悄悄地潜入加利福尼亚州的市郊，为的是抓那里的狗、猫和翻垃圾桶。1976 年，有一头美洲狮生活在一条穿过加利福尼亚大学校区的岩石山脊里。动物学家很快就发现了它，但一直保守着这个秘密。因为，否则一支由上百名警察组成的狙击手队伍就会蜂拥而至。八周后，这只美洲狮自愿离开了大学校园，没有伤及一人。

夏延族印第安人从前还驯养过美洲狮，将其训练成猎鹿的帮手。

若将美洲狮从小养起，它会比狗还要忠诚，能在狩猎中代替任何一种武器。

这种猫科动物对同类的容忍度极高，虽然它在生活上、在狩猎时都是独行侠。每头美洲狮一般都会在它 5 至 50 平方千米的生活区周围放上"界石"。它会将大量树叶、树枝和冷杉针叶堆在一起，并撒上自己的尿。

然后其他同类就会尊重这片猎区，不会去打扰它的主人。真是四条腿猎手中一位真正的贵族！

动物们的生存艺术

大鹏鸟的继承者——猛雕

　　猛雕躲在小树林叶子的隐秘处，观察一群离它百米远的草原狒狒是如何在一个水洼边开始喝水的。现在，极具技巧性的动作即将上演。

　　这个捕猎者的体形大小与金雕类似，却要狂野得多。它一定克制住了自己的脾气，一直等到狒狒们觉得自己安全了的时候才开始行动。它不能从小树林的正面出去发起进攻，因为狒狒群中的哨兵一直都在密切注视着前方的危险源。得到警报的草原狒狒们会用两米高的跳跃和它们猎豹般有力的牙齿抵抗每一次低空飞行攻击。

　　因此，猛雕得像背地图那样牢记地理位置，记住一群狒狒幼崽玩耍的地点，那距离成年狒狒群有一定的距离。然后，它悄无声息地从一道"后门"离开了小树林，在山丘的掩护下加速到时速 100 千米，在很低的高度飞向饮水处。它几乎都要碰到草顶了。过了不到一秒钟，它就抓住了一只约 7 磅重的草原幼狒，然后带着它消失了。那时，恐惧随着震耳欲聋的尖叫声在狒狒群中弥漫。

　　显然，这个翼展 2.5 米的捕猎者在狒群中引起了恐慌，就好似古老的民间神话中那只巨大的大鹏鸟一样。在抓住人类的孩子后，大鹏鸟会携其飞向高山上的隐秘处。

这是机警又凶猛的捕猎者猛雕的强大之处。它似乎将两种攻击能力集于一身：苍鹰低飞于地面的攻击战略，以及猎鹰或秃鹰高空盘旋搜索继而俯冲攻向猎物的能力。

第二种方法是高空盘旋。人无法凭肉眼辨识这一高度上的猛雕，但它自己却能看清地面上的一切。它的视力相当好，好到可以在30米外"看"报纸。

许多非洲游客从未见过猛雕。但是他们可以感到慰藉：猛雕一定看到了他们。

此外，猛雕躲避人类就如同躲避瘟疫。一方面，这能帮助它存活；但另一方面，这也大大限制了猛雕如今的生存空间，因为人潮涌入，几乎整片土地渐渐都有了人类的足迹。现在经常有两只猛雕为了争夺一块面积约为100平方千米的领地而搏斗致死的情况发生，而这也就不足为奇了。

有领地的猛雕不断地在地面上观察它领土上方的空域，一旦发现同类，它就会起飞，进行一种所谓的"彩带飞行"：它从800米的高空陡降200米，然后又全速上升，如此重复20—60次。它用这种信号来宣告它的领土主权。如果闯入者在高空径直前行，那么，什么危险都不会发生。

可是，如果来者带有掠夺性的目的，那就会导致空战。百分之二十的空战会以参与一方的死亡而收场。有时，搏斗双方扭打在一起，从云端冲向草原，鏖战直至一方成功地用匕首般的利爪刺穿对方的头颅。

这是人类有关这种动物的少数见闻之一。

动物们的生存艺术

蛙与食蛙蝙蝠的对弈

从史前时代起，蝙蝠就是动物鬼屋中的固定成员：比如德古拉伯爵这样的吸血鬼，人类也将撒旦想象为这个样子。然而一般人根本不知道现代动物行为学在这种动物身上发现了迄今为止无人知晓的东西。

在非洲中部与南部生活着一种蝙蝠，它们只捕捉那些在夜晚呱呱地唱着情歌的青蛙。刚才还有一只树蛙坐在一根树枝上，没有预感到任何危险。声囊在性的刺激下震动着。一秒之后，它便成了别的动物的肚中餐。吃掉它的不是什么地上的东西，而是全速飞行、不曾着陆的食蛙蝙蝠，其拉丁语学名为 *Trachopscirrhosus*。现在，美国动物学家梅林·塔特尔（Merlin D. Tuttle）教授发现了这件事。

但这片土地上的蛙类必须继续与这种出现频率极高的黑夜幽灵共存。只是，热带雨林中还跳动着许多箭毒蛙和蟾蜍。一只箭毒蛙的背部皮肤中含有的毒素就能将 50 个人置于死地，吃掉它的蝙蝠也会在几分之一秒内死亡。

但是蝙蝠有两个保护措施。首先，它们只循着无毒青蛙的呱呱声而去。无毒青蛙和有毒青蛙的叫声有细微区别，这种区别人类听不出来，食蛙蝙蝠却可以分辨清楚。

其次，在极少数的情况下，如果蝙蝠失误了，大张着嘴巴冲向了一只（看不见的）箭毒蛙，而它嘴唇上的触觉与味觉神经突起又碰到了箭毒蛙的皮肤，那么，在百分之一秒的时间内，这个青蛙吸血鬼（食蛙蝙蝠）就会发起口腔皮疹，然后在青蛙的牙齿弄破它的皮肤之前把青蛙活着从嘴里吐出来。

毒蛙以及长达30厘米、无法被咽下的巨型牛蛙对蝙蝠毫不在意，而那些会被蝙蝠食用的蛙类则发展出了一系列有趣的防御策略。

最好的方法其实是完全压住蛙叫声，因为一声蛙叫就足以让青蛙王子变成别的动物的腹中餐。不过，不唱歌就无法吸引雌性，这可真是个两难的问题。

夜视对此有些许帮助。地中海各国的人最多在黄昏能看到夜蝠，而只要在有月光或是星光璀璨的夜晚，青蛙的眼睛就拥有了在午夜也能发现蝙蝠的能力。它甚至有能力区分出大的食蛙蝙蝠和小一些的、对它没有威胁的蝙蝠。遇到真正的危险时，青蛙马上就会停止它的情歌表演。

对青蛙而言，最可怕的是无月夜和阴云密布的晚上。那它们就只有一条生存戒律：绝对安静。其代价就是，在此期间不会有爱情故事上演。

在明亮的夜晚，"蝙蝠警报"则可能会响个不停，因为食蛙蝙蝠规模庞大，其中的一些蝙蝠不断地在它们的飞行范围内作案。长此以往，恐惧感就不足以抑制住青蛙对爱情的渴望了。但为了尽可能躲避危险，它们改变了自己的策略。

现在，一些青蛙用难以定位的高音演奏它们的呱呱音乐会。这种高音处于另一种波段。它们的唱法从男低音换成了女高音。这虽然让丛林寻偶变得更加困难了，但至少不会让每一次爱的呼唤都立即招致死亡。还有一些青蛙藏在叶后、刺间或是裂缝里，还有的则在一起进行三或四重奏，同步发出叫声，这就意味着它们在玩"俄罗斯轮盘赌"：它们中只有一只会被抓住！

第六章

怪兽与骗子

察沃的食人魔——狮子

1898 年，在肯尼亚首都内罗毕通往蒙巴萨的铁道线工地旁，两头狮子夺走了 51 条人命。它们成了残暴兽性的象征。如今，现代动物行为学将此骇人听闻的事件以另一种方式呈现了出来。

已规划的察沃火车站坐落在现在国家公园的位置，于那年三月份开工。新任命的施工队队长英国工程师帕特森（J. H. Patterson）为了给他的 3 000 名印度铁道工人提供廉价的肉类而射杀了这一区域内所有的斑马、角马和羚羊。这里的灾难一开始尚未显出端倪。一群固定栖息在此的狮子无法移民，因为相邻的狮群都不允许它们这么做，所以这些动物必须忍受饥饿，寻找新的猎物。可是除了人类，它们在这里什么也碰不到。

3 月 14 日，一头母狮攻击了一顶敞开的六人帐篷，拖走了一个印度人。次日，地上的拖痕将帕特森工程师带到了食肉现场。他说："地面上到处都是肉渣和骨头碎片。人头则好好地落在别处。两只狮子'分享了'猎物。"

晚上，这个英国人在这片营地的附近偷偷藏了起来，因为他预料到这里会发生一次新的攻击。可他不知道，狮子们在下午就已经侦查好了它们今晚的猎区。它们一定是观察到了这个男人正在布置圈套，才因此没有自投罗网，转而攻击了800米外的相邻营地，并大获成功。

很快，到处都安排了夜间的执勤人员。可这时母狮又找到了一顶无人看守的帐篷，那是一个希腊商人的，但它只找到了一张有浓重的人类气息的床垫，并拖走了它。当母狮发现了自己的错误时，便放下了床垫。接着，所有人接到了一道命令：夜间虽然炎热，但也要关上帐篷。不过，母狮现在可知道可以从帐篷里拿什么了。就在第一天晚上，它跳上帐篷顶，撬开遮篷，在黑暗中扑向了一袋大米，并马上将其拖走，直至发现其中装着的是素食。

后来狮子便再也没有犯过这些错误。这种大型猫科动物很快就从自己的错误中吸取教训，并马上改变了它们的捕猎策略。而人类却没有。帕特森先生还认为狮子们会返回上次的作案现场，便在那儿拴上了一只活山羊作为诱饵，自己则躲在圈套里。

但狮子也注意到了这一点。它们现在正在别处寻着足迹跟踪一个印度商人，他在日落之后还骑着驮驴去做生意。狮子扑向驴，将其重伤，但它想吃的则是人。就在那时，用绳子绑在一起的两只空油桶缠住了狮子的脖子。它们原本挂在驴的背上。空桶哐当作响，声音大得吓跑了狮子。

不过人们对这件事情可笑不出来。新的指令是让每个营地都围上用带刺灌木制成的高而密的藩篱，也就是用所谓的博玛（Boma）*。此外，在营地内部要点火来吓退狮子。夜间守卫还得一直用铁壶发出声响。

---

* 博玛，音译。非洲一种由树枝制成的传统围栏，主要用来圈养牲畜。——译者注

那狮子们做了什么呢？次夜，它们找到了藩篱最稀疏且没有铁器噪音的营地，因为人们想让那里的人入睡——那就是野外帐篷医院。母狮冲破了带刺树篱最稀疏的地方，向正巧走出帐篷的医生扑了过去。医生害怕地向后跟跄了几步，并在那时撞得一张放着玻璃瓶和医用器具的桌子叮当作响。母狮逃跑了，但又碰巧闯入了另一顶帐篷，将两名患者重伤，另杀死一人，并穿过带刺藩篱的破洞，将受害者硬拖到外面。其他狮子早已在此等候猎物。

翌日，野外医院搬迁到一个"安全"的地方。但帕特森先生还是没有学聪明，他在这个被抛弃的区域内又设下了圈套。动物们应该在人不知道的情况下观察到了这一切，因为在这天晚上它们又攻击了迁走的野外医院。一头母狮悄无声息地穿过带刺树篱，在一顶帐篷周围打探。"为安全起见"，所有睡在里面的人都将头放在了中间，脚朝帐篷壁。母狮小心地把一只爪子伸进帆布底下，将一个黑人挑水工拖了出去。它在那儿一口咬住他的颈部，使其毙命，然后和他一同消失在了黑暗中。

从现在起，恐惧每夜都笼罩着各个营地。可后来又发生了一件人们不曾料到的事情。工程师和医生每晚都撤回到他们的"碉堡"里。那是一辆全封闭的货车，停在特别高、特别密的博玛里。接近晚上十点时，他们有了不祥的预感。他们决定保持清醒、只开上半部分车门，并给枪装上子弹。两个小时过去了，一切都很平静。然后，有什么东西在黑暗中发出了咔嚓声。在短暂的沉寂后，好像有一个沉重的身体穿越博玛，跳了进来。又是40分钟的寂静。在那儿！那是什么？一棵灌木？一个影子？狮子？幻觉？那时，影子旋风般升高，同时伴有砰砰两声枪响。

可是次日早晨却看不到狮子。只有淡淡的血迹透露出狮子受了轻伤。

一直令人感到奇怪的是，人在漆黑的夜里看不见东西，一只猫科动物又是如何发现远处的一个猎物，并靠近、攻击它的呢？现在我们知道了，狮子用来捕猎的器官与我们完全不同。下午的侦查让它在夜间能够凭借很好的空间感和方位记忆能力摸黑作案。狮子主要靠鼻子导航。它可以嗅到自己和敌手或猎物之间的距离。没错，鼻子甚至还告诉它对手是否害怕了、生病了或者受伤了，以及它应该如何行动。

狮子的跳跃能力也一直被低估。一头狮子可以跃至 7 米高，可谁会去建 7 米高的博玛呢？据说狮子怕刺，也确实如此。鉴于此，它们在察沃弄破带刺灌木的行为说明，在几近饿死时它们正处在怎样一种绝望的境地。在狮子被射死后，帕特森先生看到它们浑身都被刺擦伤了。

货车事件之后，工程师想出了一个主意，即利用捕鼠器的原理，用铁轨和轨枕做一个捕狮器：一个有隔栅的双侧笼。当狮子意图攻击一个笼中作为诱饵的人时，它就会踩进另一侧的笼子。接着，陷阱咔嚓一声关上了，而人就可以用机关枪穿透隔栅射杀狮子了。

在许多个夜晚工程师都把自己当成给狮子的诱饵，可是什么都没有发生。一头狮子被步枪打成轻伤后，之后的三个月都风平浪静。印度工人和黑人们都松了一口气。

可是突然间，狮子们在十二月初展开了新的攻势。这一次它们的手段还更加精湛了，死亡人数空前，十分恐怖。这些动物在数周内袭击了 3 000 人。印度人罢工并逃到海边，铁道线施工不得不暂停。

大型猛兽猎手、警察和军队都来了，但当他们意识到自己在此无法成名而只能出洋相时，很快便离开了。继而，害怕滋长成了恐慌。

在弦月苍白的光线下，一名无法入睡的印度建筑工人恰巧看见了一头母狮穿过布满荆棘的藩篱，即博玛，跳进营地的过程。他发出了警报。所有印度人立刻行动起来，并大声尖叫着朝那只动物掷去棍棒、石头和燃烧的木头。但狮子不顾这一切，跳到了人群中间，将一个人拖出了带刺的藩篱，并马上在一头雄狮的帮助下吃掉了他。

虽然新闻报道总在说"雄狮"，但这些大胆地闯入营地的杀人魔则总是雌性。长着鬃毛的雄性一直在外面的安全区域里等着，并在那儿等待食物。

警察、民兵（内罗毕的黑人士兵）在这起新的狮子案件三天后到达了现场。每名男性携带枪支看守 3 000 名劳工居住的营地中的一座。但狮子总是只攻击那些无人把守的地方。每天晚上它们都抓走一个新的受害者。它们的策略是在将近十点时发出一声让所有人感到不安的吼声，即吓唬人的心理恐吓战术。接着是数小时之久的寂静。突然，一个人的尖叫声传来。大家都知道，又有人被抓了。

一天，一个火车头带着一节车厢抵达了这里。车上坐满了大型猛兽猎手以及带有重型装备的军人和海军军官。天还亮的时候，总工程师帕特森在大型建筑工地旁给予了他们首次指导。那时，三头有着茂密鬃毛的雄狮出现在了附近的一座山丘顶上，吼声令空气震动。所有工人都害怕得朝反方向跑去，将武器扔到了土堆上……他们却径直落入了五头母狮的魔掌，它们正藏在那边高高的草丛里。其结果是三个印度人丧生。这些动物转而对人类进行了大屠杀。

四天后，它们尝试着集体攻击了一个有人把守的博玛。夜里将近一点半时，几头狮子发出了响亮的吼声，对一个帐篷营地发起了佯攻。在附近看守小博玛的民兵马上赶来帮忙。可不等他们赶到，五头母狮就跳过了那时不再有人看守的营地的带刺藩篱，各抓走了一个可怜人。

恐慌在印度劳工和大型猛兽猎手中蔓延开去。第二天晚上，他们将自己锁在了火车车厢里。但狮子同时攻击前后门，弄坏木门，闯进车厢，抓走了三个人。

他们现在不再坚持了，大型猛兽猎手和官员们仓皇地逃离了这里。他们本想在此赚得名声，却只能万分耻辱地离开。

工人罢工了，他们中的大多数踩着铁轨逃向了海边。选择坚守的人白天只忙着加固用来防御狮子的住所：水箱、屋顶和支撑板上的棚屋以及树上的木板床和吊床。一天晚上，一棵树倒了……因为睡在上面的人太多了。有三头母狮正巧悄悄经过，每头都收获了一个猎物。

总工程师帕特森又想到了他的捕狮器。我之前已经说过它的构造方式和惨淡的使用效果了。两个民兵自愿作为诱饵进入了一只笼子，两人各配备了一支机关枪。他们等待着狮子落入陷阱，走进隔壁的笼中。

临近午夜，突然发生了地震一般的震颤。咔嚓一声，笼门关上了。其实是抓住了一头狮子，它此时的吼声令空气震动，它的声音盖过了民兵的尖叫声。足足十分钟，他们只知道叫，而完全忘记了扳动他们的机关枪扳机。最终，他们像发了疯似的噼里啪啦扫射。他们本可以用枪口抵住隔着铁轨栅栏的狮子，然后非常轻松地将其打倒。但他们害怕得到处乱开枪，就是没打中怒吼的狮子，却打穿了一根关住笼门的横木。它成了碎片，笼门开了。狮子逃走并消失在了灌木丛中……毫发未伤！

因此，上面这段关于大型猫科动物捕猎行为的文献完全偏离了主题，变成了关于恐慌情形下人类心理情况的记录。

但此时狮子看似也败给了一种"人性的"弱点，即傲慢自大。在最近一次事故之后狮子们似乎完全不把枪支和岗哨当回事。这促成了它们的灾难，也就是人类的解放。请看以下这件事。

帕特森先生深感沮丧和绝望，但他依旧认为自己有责任在夜间继续设伏，但他没有在战略行动中加入新的方法。他在某处丢了一只死驴作为诱饵，在边上搭起了一个只有四米高的脚手架，然后在上面设置了一个对抗夜间攻击的射击哨位。没有比这更莽撞、更危险的行为了。因为到目前为止狮子们一直在这种位置悄悄地绕过他，以便对别处发起攻击。但它们要想攻击他的话，只需要轻松地跳过四米高的小平台。

然而，这天晚上悄悄逼近的母狮显然一心要攻击脚手架。可劳累过度的工程师睡着了，后来他被一阵突如其来的猛烈撞击惊醒。狮子跳得不够高，又落到了地上。他开枪了，第五枪过后，这只动物彻底断气。

印度人和黑人马上从四面八方赶来，高兴地将帕特森先生抬上肩膀，开始欢庆一个盛大的节日。但在欢乐的海洋中突然响起了垂死的尖叫声。第二只食人母狮发起了攻击，但三天后它也落入了圈套。人们因此重获平静与安宁——这一次是永久性的。

这片区域发生过如此可怕的事情，如今，察沃国家公园坐落在此。来自世界各地的游客蜂拥而至，拍摄狮子撕咬时的照片，而且一定不会有厄运降临在他们身上。

不过，如今在察沃也没有了为给劳工提供廉价肉食而杀光狮子猎物的猎人。所以，现在这种大型猫科动物还保持着它们自然的状态，只捕食斑马、角马和羚羊。它们完全无须担心挨饿，也无须出于害怕而想出精湛的抓人方法。

向人乞食的黑熊

瓦塔贝克河（Watabeag）坐落于加拿大首都多伦多北部 600 千米处。约翰内斯·霍格雷贝（Johannes Hogrebe）毫无防备地坐在岸边的一块石头上，钓着鳟鱼。过了一会儿，他把钓上来的鱼放在了身后距离他几米远的地方。石岸上长满了灌木丛。

当他第二次想放置战利品时，他惊讶地发现第一批鱼消失得无影无踪。为了逮住作案者，这个垂钓者现在不停地观望四周，但什么都没有发生。可当他好不容易钓到了一条大红点鲑之后，他环顾四周时，所有的鱼又都不见了。

一定有谁在附近的一处灌木丛里观察垂钓者，然后等待着有利的盗窃时机。霍格雷贝决定将事情追究到底。很快他就发现了一只强壮的黑熊刚刚留下的脚印，人们也称其为狗熊。当他继续跟着脚印追踪时，他发现这只动物从一清早开始，也就是当他离开木屋的时候，就一直跟着他了。不仅如此，在他现在追踪熊脚印的时候，这只熊还一直跟在他的身后！它藏得就和温尼托*一样好，但脚印暴露了它的行踪。

---

* 温尼托（Winnetou），出自德国小说家卡尔·迈（Karl May）的同名作品，是一个虚构的美国原住民英雄。——译者注

面对庞大的渔场伙伴只有一种自我保护的方式：约翰内斯·霍格雷贝必须每天用一些鱼去获取黑熊的信任。这些鱼都只能在岸边、距垂钓点一定距离的地方提供给它。

渐渐地，黑熊不再胆怯，终于能从隐匿处自在地走出来取食"它的"鱼了，不过它从未尝试过攻击人类。

这个黑熊的故事很典型，但另一件事亦是如此：

在加拿大阿尔冈昆自然保护公园里，有一名游客被一只黑熊吸引住了。他下了车，从西装口袋里拿出甜食去喂这只"十分滑稽而且不危险的"熊。

库存尚足时一切正常，可后来口袋空了，熊怎么也不愿意相信。它踮起了后掌，变得有 1.8 米高，使人震惊，它挡住了游客回到车上的路。后来游客试图逃跑，这只动物用一只前掌抱住了他，然后用另一只粗大熊掌的利爪撕开了他的衣服，就像要在一个灌木丛里翻找覆盆子似的。

当黑熊将游客的衣服全部扒光后，它才相信真的没有什么可拿的了，然后才放他回到车上。

若像约翰内斯·霍格雷贝那样知道要如何正确地与黑熊相处，那黑熊对人类就没有多少危险了。它本来就喜欢吃比较小份的肉，比如昆虫、蜗牛、小鸟、老鼠、鱼和幼兽。它极少吃家畜，但它特别喜欢吃针叶树树皮下面多汁的嫩皮和浆果、蘑菇、球果以及埋在地下的蜂巢，蜂巢里的蜂蜜吸引着它。但如果人遇见黑熊时行为不当，黑熊可能就会变成凶猛的猛兽了。

几年前，在加拿大不列颠哥伦比亚省的落基山脉，有一个"周日猎人"*痴迷于在 70 米外用铅弹射击黑熊。于是，这种 220 千克重的大块头便进入了战斗模式。

逃跑途中的猎人发现熊总是紧紧跟着它（有经验的人都知道黑熊的速度很快，人只有骑马才能逃脱它！），他竟然爬到了一棵树上。当然，熊马上就跟着爬了上去，从树枝上"摘下"了这名铅弹手，把他向下一扔，然后跟着跳下，撕碎了他。

和其他所有熊类一样，黑熊也是一个独行侠。但六月或七月的发情期除外，那时它们要过短暂的"二熊生活"。

2 或 3 只幼熊会于一月在冬眠的洞穴中降生。出生时它们只有 20 厘米长，半磅重，没有牙齿，赤裸身体。一旦它们披上了黑色的皮毛，那就变得俊俏可爱了。

黑熊幼崽就以这种形象走进了世界玩具史中，那是在 1902 年。西奥多·罗斯福，昵称"泰迪"，他不仅是美国总统，也是一位热衷于打猎的猎手和环保人士。那年，他发现了一只小黑熊，将它带回了华盛顿。这只可爱的快乐小熊在那儿大受欢迎。纽约的一个玩具厂主将其作为一款玩具熊的原型，还根据罗斯福的外号将其取名为"泰迪熊"，由此开启了这款玩具在全球空前成功的销售之路。

从动物学的角度看，这个玩偶其实是个畸形儿。它与黑熊宝宝没有太多的相似之处，倒是纯粹出于巧合和另一种完全不同的动物很像——那就是澳大利亚的考拉。而考拉是一种有袋目动物，根本就不是熊。

---

* 此处形容难得打猎、不精通涉猎之术的人。——译者注

同类相食的红石蟹如何自保？

　　一朵极高的海浪如雷鸣般咆哮，浪花四溅，拍到加拉帕戈斯群岛岸边的一块熔岩崖壁上。上千只火红的石蟹正在崖壁上爬行。这群手掌般大的动物快速地紧紧勾住山崖边缘和缝隙，只有一只滑了下去，被冲到了 10 米开外，冲进了个头大一些的同类蟹群中。它的死期到了。

　　一个大个子邻居用一记 30 厘米远的跳跃跳到了这只被冲到这儿的螃蟹身上，用自己的八条长腿框住了它，用身后的钳子将其拧成小块，接着吃掉了它。

　　在另外一种相似的情形下，同类相食者的"框住跳"就不起作用了，它只能收获一条腿。因为只听"咔哒"一声，受害者自断了一条腿，用它去"喂食"敌方，然后自己用七条腿逃跑。可是另一只体形更大的红石蟹已经发起了进攻，抓住了第二条腿，然后以此类推，直到被逐者的八条腿全部牺牲，动弹不得，被吃得精光。

　　虽然这些动物是贪得无厌的同类相食者，却生活在成员数成百上千的大团体中。埃森大学的彼得·克拉默（Peter Kramer）教授对以下问题进行了研究：究竟是何种原因使得这种变温的同类相食者的集体生活成为可能？

　　　　　　　　　　　　　　　　　　　　动物们的生存艺术

可奇怪的是，这种红色动物是以素食者的身份开始生命旅途的，它们在潮汐区域食用退潮时礁石上的水藻。但当螃蟹不断长大，它就越发需要鱼类，一开始是死鱼和其他腐肉。有些螃蟹擅长从表皮上扯下数米长的海洋扁虫。但随着年龄的增长，它们就慢慢变成了吃小个子同类的家伙。它们大多吃可以再生的腿，但有时也会吃整只螃蟹。

为了对抗这种针对年少者的恐怖的代际冲突，最重要的办法就是同龄蟹团结起来。每块较大的礁石上只会栖息同一个年龄段的红石蟹。作为素食者，年轻的螃蟹缔结友谊，团结一致。日后同龄的动物们也从不会互相攻击。在"同龄俱乐部"中，不仅个体能避免他者的威胁，在邻礁"巨蟹"发起单个攻势时，集体也能提供保护。

在红石蟹的大群体中当然也容易出现误会，尤其是在夜间。所以这些动物发明了一个信号密码，即在每次相遇时双方都用一条或两条腿捅捅对方。个头极小的动物可以用这种方式稳住进攻者，并避免撕咬搏斗。

有时，红石蟹还会从长长的眼睛里喷出液体，其射程可达 40 厘米。这样也能缓和同类相食者的情绪。

很奇怪，这种液体还服务于另一种目的：吃完同类后红石蟹必须清洗一下，但它们不会爬进水里，因为那里潜伏了太多天敌，所以它们就用自产的液体洗一个泡沫浴。它将全身浸入泡沫之中，让"肥皂"反应一会儿，最后像维纳斯那样拨开泡沫，从海水的泡沫里诞生。

所有红石蟹在洗澡和休息时都会一直朝着一个方向眺望，这样就看不到他者的战斗钳了，这同样有助于缓和情绪。

这种同类相食者之间的每次交配都相当危险。但雄蟹会这样处理这个问题：它用钳子固定住雌蟹的钳子，然后（在动物世界中绝无仅有地）跨到新娘身下，为的是不要让自己在"新婚"时萌发出吃掉对方的念头。

　　　　　　　　　　　　　　　　　　　　　动物们的生存艺术

占领美洲的恐怖动物——杀人蜂

在巴西贝洛奥里藏特城附近的一个村庄里，一群所谓的杀人蜂（学名：非洲化蜜蜂）在一幢房子的烟囱里筑起了蜂巢。志愿消防队赶来，用烟驱赶这些可怕的带刺动物。可这才真激怒了这些杀人蜂，它们在村子里攻击所有会动的生物。在3个小时之内，它们在500个人身上蜇了3万多下，许多狗、猫、鸡因其丧命。

好在人只有在被蜇300次后才会死亡。可是在最近的16年间，巴西有450人死于蜂蜇，伤者更是不计其数，其实伤者遭受一连串蜂蜇是极其痛苦的：他们周身肿胀，尤其是腿部，以至于数日无法行走、站立、安坐或是平躺。

另一个例子发生在帕索德洛斯利布雷斯，这是一座位于巴西和阿根廷交界处的城镇。1 500名游客拥挤在报关处前，三个小男孩玩着捉迷藏打发时间。其中的一个男孩离开了马路，走到灌木丛里捅了一个杀人蜂的蜂窝。上千只充满攻击性的昆虫向男孩发起了进攻。男孩冲向了正在排队的人群，而蜂群就跟在他的身后。

一位女士说："我先是听见了男孩的叫声，然后一阵震耳欲聋的声音响彻空中，男孩身后的黑影就像彗星的尾巴。可后来这就成了我们的地狱。"

超过千人必须得送往医院，有的人脸上被蜇了多达 60 下。22 名患者与死神搏斗，但最终医术拯救了他们。

类似的报道自 1970 年起几乎每周都牵动着南美洲和中美洲居民的神经。尽管如此，"专家们"到了 1976 年还抗议、指责媒体"危言耸听"。"养蜂人喜欢饲养这种蜜蜂，因为它们的蜂蜜产量要多出40%。代价就只是被多蜇几下罢了。"

不久之后，这位"专家"自己也遭到了袭击。蜜蜂穿过养蜂服，蜇伤了他的面部、颈部、耳朵、嘴唇，乃至眼睑。

杀人蜂发了疯似的喜欢用刺进攻，这能从它们的出身中得到解释。它们来自非洲，那里有许多喜欢在甜食堆里大吃大喝的蜂蜜抢夺者，比如獾、鼬、鼠、猴、鸟、行军蚁和人类。

如果没有超强的防御手段而像欧洲蜜蜂种那样"温柔"的话，这种蜜蜂在非洲早就灭绝了。它们本质上根本不"想"蜇人，但它们用勇猛的战斗状态保护了自己的"王国"。

若蜂巢遇到危险，守卫蜂就会向巢内释放一种报警气味。在最快 23 秒的时间里，6 万只工蜂集结而成，涌出蜂巢，攻击蜂房周围200 米内的活动之物（我们欧洲的蜜蜂只攻击 30 米内的活物！）

第一批人被蜇后，其伤口又会散发出对杀人蜂来说是报警的气味。附近的杀人蜂全都涌来，继续叮咬第一个刺孔旁最近的部位，直到整片区域看起来就像一块蜂蜇蛋糕。一个受害者身上的伤口越多，报警气团就越大，也就有越多的杀人蜂气冲冲地聚拢过来。

1956 年，这种膜翅目的狂暴斗士被从非洲带到了巴西，那是因为一名昆虫研究者想要饲养它们。这名研究者本来想养一只温柔的蜜蜂，但在完成非洲、意大利和德国蜜蜂的杂交实验之前，因为一位动物学家的疏忽，26 只非洲蜂王逃了出去，飞到了圣保罗州的里奥克拉鲁。自那时起，杀人蜂每年都会继续飞行 150 至 300 千米。它们于 1976 年抵达了委内瑞拉北部，1979 年到了哥伦比亚，1980 年到达巴拿马，1983 年抵达哥斯达黎加，并于 1985 年飞到了美国南部。它们朝着南方前往乌拉圭、巴拉圭和阿根廷北部。

可是它们在南部地区碰上了"正常"的蜂群，不断与之杂交，渐渐地丧失了好刺的脾气。但在南美洲北部既没有温和的蜂群，也没有养蜂场。所以这里的杀人蜂对人类的威胁不减。

1983 年，一条用温和蜜蜂建成的防御线横穿哥斯达黎加，事实证明它太窄了。同大多数防御带一样，其也遭到了攻破。杀人蜂能进攻到多远，仍未可知。

透明如水的动物占领了海洋——水母

　　19 世纪 70 年代起，水母警报接连响起。数十亿只水母紧紧地挤在法国圣特罗佩的岸边，将豪华游艇堵在了这里。从直升机上观测，意大利那不勒斯岸边有一个巨大的水母群，其面积为 50 千米乘 30 千米。在亚得里亚海北部的意大利城市的里雅斯特，一场狂风过后，海滩上堆满了数米高的水母"小山"。

　　上千名浴场游客因为在海里游泳时被立方水母和旗口水母蜇伤，身体看起来像受了鞭打似的，因而不得不去就医。

　　类似的事情之前鲜少发生。是大自然发生了彻底的变化吗？占领海洋的水母群究竟从何而来？

　　它们并不像许多人认为的那样来自广袤的深海，而是来自受到保护的、温暖的、靠近大海港的浅海湾！这个现象在波罗的海得到了最彻底的研究。基尔大学的学者发现，水母的一个最主要寄居地竟然意外地在他们的家门口，就在德国基尔峡湾。另一个温床则位于弗伦斯堡的海港前。

　　这里发生的事情十分壮观。一只雌海月水母能射出多达 2 万颗受精卵。但一个受精卵变出的并不只有一只水母，还有另外近百只：一只幼虫先钻出受精卵，在浅水中附着到水底的地面上，一条 10 毫米长的"水螅"在此萌生,那只水母分成了30段,那一叠水母看起来像一堆袖珍版的盘子,一只"盘子"叠着另一只,30只迷你水母诞生了。

留在地面上的其余部分也在生长,又构成了30只"盘子"。它们就这样一直生长。这种所谓的水螅体理论上是永生的。但在现实中,它会在批量产子的第三阶段后死亡。它死于饥饿,因为数十亿只小水母吃完了周围所有的食物。

到处都在发生大规模的进食。几毫米大小的水母先是吃硅藻,接着是小型桡足纲动物、鱼苗和贝类幼虫,最终食用小鱼。一只直径为1.4厘米的小水母每天要吃两条小鲱鱼。1978年,水母吃光了波罗的海西面海域中所有的鱼。

为什么这种惊人的增殖潜力在最近几年内才完全爆发呢?水里的石油污染为水母创造了一片乐土。油在水中分成一个个小点,桡足纲动物将其摄入体内,便无法下潜,也无法快速逃离水母了。从前在没有石油污染时,数十亿只小水母都得挨饿。而现在,它们都活了下来,并快速成长。

但鱼苗们如今就吃亏了。以前它们都吃从水母口中逃脱的桡足纲动物。可现在它们不是饿死,就是虚弱得直接成为了水母的美餐。石油污染导致鱼的总量剧减,但水母却以蝗虫之势大量繁殖,占领了海洋。

机会催生盗贼——动物界的侵占财产行为

南极是企鹅的繁殖基地，每年都有众多的企鹅从南部的广袤土地长途跋涉来到南极。当十万只阿德利企鹅才刚刚抵达它们位于南极的繁殖基地时，这里就开始了一场空前的偷窃活动。它们得修缮一下由石墙包围起来的巢穴。当丈夫在寻找建筑材料并交给妻子堆砌时，它也在关注石头偷盗者。

虽然在筑巢地大约300米开外的地方就有取之不尽的石头，但如果能很轻松地从邻居那儿偷些来的话，那为什么还要摇摇摆摆地走那么远呢？

"先生"不去找原料，而是先在它的巢穴附近转了一圈。悄悄地从后面靠近正在看家的女邻居，并试着偷走一块石头。那根本就是从它屁股底下偷走的。看家者若是及时转身，小偷就会无聊地看着云，装成一副完全无辜的样子："我站在这里纯属巧合！"

有一次，研究者将一只刚刚被偷了许多石头的雌企鹅引向了偷盗者的巢穴。它认不出属于自己财产的石头了。但在一只企鹅作案时当场将其逮住的话，可就要小心了！在追捕它的过程中，它会啄啄、翅打，穿过半个繁殖基地。

动物行为学家将动物间的偷盗行为称为"偷窃寄生现象"。在

动物们的生存艺术

这点上，刺鱼也演化出了极为精湛的技术。这种淡水鱼的雄性在水底筑巢，吸引从身旁游过的雌性，好让它们为自己产卵。之后，这位"先生"就独自看护这些卵，并单独将孵化出来的幼鱼抚养长大。

但刺鱼女士最喜欢把卵下在已作为孵化场所被守护起来的地方，也就是已有鱼卵的巢穴。雄刺鱼似乎知道这一点，因为，当巢还空着时，它就会出于展览的目的到邻居那儿绑架一些鱼卵过来。

它的手段是"捡便宜"。小偷藏在一个产满卵的巢穴附近，等到另一条雄刺鱼出现并同鱼卵的拥有者进行决斗。双方正斗得火热、眼里只有敌手时，小偷就渔翁得利了：它用嘴巴装下尽可能多的卵，然后将其放在自己的巢穴里供雌刺鱼参观，用以"说服"它们。当然，它也会抚养一些非亲生的孩子。

但动物间的盗窃行为通常是为了它们喜爱的食物。在非洲东部的海洋里生活着一种叫口育鱼的鱼类，它们将自己的口腔当作巢穴孵化鱼卵。可是慈鲷科鱼却将这用于自己的捕食目的。它的体形虽然大于它的猎物，但还没有大到能将其吃得一根刺也不剩的程度。所以它将自己的嘴巴扣到口育鱼的嘴上，开始全力吮吸，将所有鱼卵从对方口中吸出作为美餐。

另一种动物秃鹰也会碰到同样令人难过的事情，比如在它抓住了一只胖老鼠之后。没过几分钟，盗贼喜鹊或者乌鸦就会出现在现场，一直拉扯秃鹰的羽毛，直到它生气地扑向其中的一个讨厌鬼。可这正是小偷们所计划好了的，在秃鹰飞上天空之前，折磨它的家伙早已逃之夭夭，而留下来的喜鹊们则在这一刻冲向秃鹰的猎物，将其撕碎，并携带赃物匆匆离开。

正如谚语和歌剧中的"贼鹊"：当人们将银勺和闪闪发亮的饰

品长时间放在花园的桌子上且无人看管时，它甚至会偷走这些东西。它一般不敢穿过窗户飞进房间或厨房。它将"战利品"扛回巢穴，用以装饰。我们尚不清楚它为什么要这么做，可能就只是单纯地喜欢亮亮的小东西吧。

甚至麻雀也会进行小规模的偷食。一名研究者观察到了一只小麻雀观察掘土蜂的过程。这只昆虫先是在土壤里造一个小洞作为育幼室。接着，独居的掘土蜂收集蝴蝶幼虫，刺伤它们，使其瘫痪，然后把它们作为给孩子的食物堆积在自己的巢洞中。

麻雀马上就运用它"行为观测"的结果在掘土蜂的洞口捕食。每当在掘土蜂拖回新的猎物时，它就用喙将蝴蝶幼虫啄起来，但会放掘土蜂一条生路。人类也不会杀死一只下蛋的母鸡！

一只吸引了埃里希·博伊默（Erich Baeumer）博士注意力的母鸡也是这么想的。因为它打破了所有母鸡遵循的规律，远离其他家禽，守在一个果园的农田里。它一定在那儿看守着什么秘密！

望远镜揭开了谜底。这只母鸡一点也不笨，它一直跟着一只乌鸦。只要它找到一条蚯蚓，并开始把这根"意大利面"从地面吸上来时，母鸡就会跳上去，抢走乌鸦肥硕的猎物。

凤头麦鸡现在遇到一个需要严肃对待的营养问题。它可以借助脚上微小的震动雷达，发现在地下 10 厘米处蠕动的虫子，并将其拔出。红嘴鸥没有这种能力，但它们会在草地上纠缠着与凤头麦鸡同行。

红嘴鸥知道，每当一只凤头麦鸡长时间在屈身等待时，它很快就要找到一条特别大的虫子了。随后它就会从这只可怜的发现者口中夺走猎物，而凤头麦鸡则拿它没有任何办法。

动物们的生存艺术

可凤头麦鸡已经知道了红嘴鸥一直都是个强盗。它们身旁只要有这个"同伴"，它们就会试着避免让屈身的姿态暴露出自己找到了一个肥硕猎物的事实，可如此一来，猎物也多半会从它们身边溜走。所以在红嘴鸥的跟随下，它们就只能吃那些可以一口咽下的小昆虫了。但这就意味着它们必须忍受巨大的饥饿，而且还难以在春天喂饱它们的孩子们。

红嘴鸥其实完全能够自食其力，但盗窃要轻松得多。而贼蚁却要完全依赖夺取他者的食物为生。这样的一个马贼王国不断向外派遣间谍，它们虽然完全没有能力自行发现食物，但它们会跟踪附近其他种类蚁群的侦察兵。

一旦发现食物，间谍们就会赶走发现者，将食物运回自己的巢穴。或者，当它们发现了大的食物源（比如一只老鼠的尸体）时，间谍们就会请来一支大军帮忙。这支部队封锁住整片区域，不让发现食物的蚁群进入。它们剥食死尸，吃得不剩一块碎屑。

动物行为学家有一次将贼蚁与其所有的相邻蚁群隔开，想看看这种动物在危急情况下是否会自己寻找食物。没过几个星期，整个王国就因营养不良而灭亡了。

在动物中竟然还有这样的王国——其中的个体仅靠偷窃为生，它们真的无法靠自己生存。

靠夺食为生的白头海雕

　　虽然这只白头海雕——美国国徽之鸟——已饥肠辘辘，但它还是一动不动地在森林里的树枝上坐了四个小时。它死死地盯着一只离它大约 200 米远的小鱼鹰，那只鱼鹰也跟它一样静静地蹲坐在树枝上这么久了。

　　似乎那只小鱼鹰很清楚，若它现在飞去捕鱼将会发生什么：白头海雕会跟着它，一旦自己收获了猎物，对方便会马上将其夺走。而且，就算它飞到其他水域也无济于事，因为它们统统都冻住了。

　　鱼鹰别无他法，它终究要去抓两条鱼。它要用抓上来的第一条鱼拿去"喂"这只大个子，而另外一条呢，希望能逃过一劫。

　　这件事就已经说明了白头海雕的一个特点，这也是本杰明·富兰克林在1782年抱怨白头海雕不适合作为美国人的品性象征的地方："它是一个利己主义者，懒惰成性，让别人为自己干活，还总想着抢。它就是一个可怜的长满虱子的无赖。"

　　事实上，作为猎物小偷，白头海雕的战绩斐然。它会从飞翔的鱼鹰的利爪下抢走食物，当这招不奏效时，它会向鱼鹰发起长时间的猛烈攻击，直到鱼鹰把鱼丢下，然后，在鱼下落的过程中将其接住。其实白头海雕自己也会捕鱼，但偷鱼更舒适一些。它们如此喜欢偷窃，以至于它们的身影曾经遍布北美上空，而如今却几乎只能在鱼鹰栖息地看见它们了。

然而，在美国南部的一些州，白头海雕却为自己挑选了一个新目标：红头美洲鹫。当红头美洲鹫饱餐了一顿腐肉之后，白头海雕就会来袭，逼它将腐肉再次吐出。如果鹫的速度太慢，白头海雕就会杀死它，连同它一同享用。此外，白头海雕是鹰科中最多才的猎食者。当河流、湖泊在冬日冰封时，它也会捕捉家兔、松鼠、老鼠和各种鸟类。其他鹰类只会从上方发起攻击，而白头海雕还会从下方进攻。它从下方接近一只飞翔的雪雁，翻个跟头，将它的利爪拍到雪雁的胸脯上。

墨西哥海湾边的白头海雕甚至学会了抓住跃出海浪的鱼，这样它就省得潜入水中了。它将鸬鹚和其他的潜鸟赶入水中，直到这些鸟儿彻底筋疲力尽，喘不过气而只好飞上水面，这样它就能轻而易举地抓住这些鸟儿了。令人不解的是，白头海雕虽然在猎食方面有着独一无二的才华，且多才多艺，但它却对做强盗或夺食寄生者情有独钟。但或许这正体现出了白头海雕对多变环境的适应能力——正是这种环境才让它有能力学会比自己捕食更省事的夺食本领。

因此，本杰明·富兰克林的建议未被采纳，白头海雕于1782年当选成为美国的国家象征。这并非源于对白头海雕行为的深入了解，而是对欧洲国家国徽鹰的仿照。

海滨浴场的骑士——寄居蟹

因为旅游业所带来的财富，意大利亚得里亚海边的"本地居民"数量迅速增长，以至于现在爆发了严重的"房荒"。房屋"人"满为患，弱势的房客遭到驱赶，到处都上演着为了夺取最后一间空房而激战的场景。

这里的"本地居民"其实指的是住在海滩浅水区域的寄居蟹。大量肉类和植物类的垃圾废物就是它们的财富。这种动物用自己的钳子毫无选择地将这些垃圾剪碎并吞食。这也是引发寄居蟹数量激增的一个原因。

寄居蟹的"现房"供应商海螺遭到了污染物的毒害，能让寄居蟹入住的壳因此也越来越少了，这是出现"房荒"的另一个原因。如果没有空海螺壳的保护，寄居蟹可就手无寸铁，只能任由各类敌人摆布了，那样，它连一个晚上也活不了。

于是，现在的每间房都会引发寄居蟹间无休止的斗争。游客如果跪坐在浅水区域或浮潜，就可以观察到这种场景。

不仅如此，还有让找房的寄居蟹更加绝望的事情：它渐渐地长大，原有的房子就会变得太过拥挤，所以，即便找到了房子，它也必须得每隔几周就换一间更大的。在住房供应充足的情况下，它会这么做：

一旦寄居蟹的"鞋"开始变得夹脚，它就会去寻找一栋更大的空房。于是，它借助自己柔软的螺旋状的后腹滑出旧房，然后蜕皮，并占领新的房子。此时，它的新外骨骼还很柔软，能够适应新房的形状。尤其是它大大的战斗钳，得趁其硬化之前紧紧地贴合"门框"的形状，这样，钳子才能在危急时刻像门一样封住入口。因此，几乎就没有敌害能撬开这只"保险箱"了。

但在出现"房荒"的时候，通常在寄居蟹找到更大的住所前，它的新壳就变硬了。的确，换壳后的"软蟹"也无法为房屋而战——此时它甚至连比它小得多的硬壳同类都敌不过。因此，它就只能等到它的新"盔甲"变硬后再去抢房了。可这样夺来的"鞋"大多根本就不合脚。于是，它又得挤出去，去占领下一栋房子——循环往复，战斗永不停息。人们还观察到：大一点的寄居蟹会试着把空的炼乳和可乐罐当成房子。如果寄居蟹在决斗时不遵守公平竞赛的规则，那么，在此期间，它们可能早就自我灭绝了。在比武中失败的"骑士"或仰或侧地倒下，不再防御，随后，胜者就会放过对手。过了一会儿，胜利方会去敲击败者的外壳，直到它出来和自己交换房屋。

在这场永无止境的战争中，结盟的意义不可小觑。许多寄居蟹科的成员都将海葵、能分泌毒液的海绵和珊瑚虫作为盟友。尤其是海葵那会将人蜇得生疼的触手，不仅能保护寄居蟹不受同类的攻击，还可以让它避免章鱼的骚扰。

具体来说，当一只手无寸铁的寄居蟹遇上了一只海葵，它就会将海葵从礁石上"摘"下，并种到它其中一个钳子的"手背"或是它的房子上。

如果现在有章鱼或海鳝游过来想要吃掉寄居蟹，或是另一只寄居蟹想要靠近偷走它的房子的话，它就会在它们面前来回挥动带有海葵的钳子。若它的"骑士"的触角能碰到敌人，那就算成功了。因为这些触角会如火焰般灼伤对方，让这些在其他情况下处于绝对优势的攻击者们因剧痛落荒而逃。

此外，两种生活在地中海和东大西洋的寄居蟹也是使用这种武器的典范。若它们双方都手无寸铁地作战，那么，细螯寄居蟹总能战胜普通寄居蟹，即使后者的体形要大得多。但是，依旧有 20%~30% 的普通寄居蟹能设法弄到一只海葵，并成功赶跑试图抢占房屋的对手。

那么，当细螯寄居蟹也武装起来的时候，又会发生什么呢？幸运的是，普通寄居蟹不会碰到这种情况，因为，每到退潮时细螯寄居蟹就会爬到干燥的地方，而普通寄居蟹则总是待在水里。但海葵可不喜欢上岸，因为它会因此干死。所以它们从一开始便不可能移居到细螯寄居蟹的身上，并为其提供军事支持。

对于所有的"火器"拥有者而言，这种武器不仅能提供帮助，还有着其他不可估量的好处。比如，海葵不仅能保护寄居蟹，还可以将它们伪装起来。这对处于睡眠状态的寄居蟹十分重要，因为在此期间它无法用自己的武器战斗，这时它就会退到一个只能看见海葵的隐蔽点休息。

最了不起的招数则由另一种生活在地中海的寄居蟹所掌握。它将海葵的外皮放到自己的屋顶上，这东西就和海葵本身一样可怕。渐渐地，它包住了寄居蟹的整个壳，然后将其完全溶解。寄居蟹现在虽然没有了坚硬的房子，但它住在了一个柔软的团块之中。这意

动物们的生存艺术

味着长大后它就不必去抢占新房了，而可以一辈子都待在自己的海葵家中。

这种保镖服务也需要有所回馈。寄居蟹吃起东西来就像《芝麻街》里的甜饼怪，因此总会掉许多碎屑给海葵。此外，人们还曾观察到，寄居蟹用钳子将大块食物递上房顶给它的护卫，它根本就是在喂海葵——这是动物界极为罕见的共生形式。

但当这种寄居蟹不得不换房子时，又会引发另一个问题：它的"宠物"海葵怎么办？一些种类的寄居蟹会直接将它们的"骑士"留在老房子上。这是一笔沉痛的损失。而其他种类的寄居蟹则会将海葵这一为其提供保护的刺胞动物完全移植到它们的新家上。

在这种情况下，寄居蟹会一直用它的大钳子揉自己身上的海葵，直到它松开。这样寄居蟹就可以把海葵移植到它的新房上了。还有寄居蟹知道一种双方交流的完美敲击式语言。寄居蟹温柔地在海葵的基盘边缘拍着一种"摩尔斯电码"。三分钟后，海葵就会自己松开旧壳，甚至还会在搬家的过程中主动帮助寄居蟹。

就像是否拥有家产使人类有了贫富之分，寄居蟹间的关系也是如此。长得越大、越健壮的寄居蟹，从瘦小同类的房顶偷取海葵的手法也就越粗暴。它们会直接将海葵扯下来——即便已经有 10 只海葵占满了它们自己的屋顶，上面完全没有空位再多放一只。

同样奇特的还有寄居蟹的婚礼。想要交配的雄寄居蟹会用它两只战斗钳中小一点的那只抓住它选中的雌性，但新娘通常很冷淡。接下来的几天里新娘一直拽着它的"丈夫"在海底晃悠。最后，雄寄居蟹用它的大钳子敲击雌蟹的房子。双方都走出家门进行交配，又很快地平复心情，然后分道扬镳。

第七章

寒冬时节的生存之道

泡温泉的日本"雪猴"

在东京西北面170千米处，长野附近的日本地狱谷里，坐落着一家偏僻的山间旅店。这里有一汪池水，即便是在寒冬腊月也注满着35摄氏度的放射性火山温泉。几年前的冬天，住在这家山间旅馆的一位独行客——工程师风间正在这泡着温泉，突然，他被眼前的景象深深震惊了——岸边的灌木丛里有五对眼睛正凝视着他，那眼睛长在蟹红色的面孔上。这个大男人被吓跑了。

当他随即带着旅店老板回到温泉时，简直不敢相信自己的眼睛：五只"雪猴"（即日本猕猴或红脸猴，是恒河猴的亲戚），正在温暖的池水里快活地扑腾嬉戏。它们将人类的"疗养浴"这个词学了个彻底，并把这处开发成了猴群整整四十几口的疗养地。

冬季来临，当这群自在生活的生灵用两米厚的积雪下丰盛的干草、榉木芽和树皮把自己喂饱之后，就开始在暖烘烘的温泉里享受闲暇时光了。它们能就这样带着严肃的表情在水里闲坐上几个小时，恨不得就待着不再出来了。到现在为止，这疗养的效果挺不错。

在它们中的一员发明了雪球游戏之后，小猴子们在温泉里可就待不了那么久了。只要雪一开始融化，这些小家伙就爬上山坡。然后，每个猴子用手团起一个雪球，尽量往大了团，接着把雪球放在积雪的山坡上，就那么开始滚，顺着下坡越滚越大。这些将近75厘米高的猴子最大可以滚出直径45厘米的雪球。

然而，没有这么上好的温泉的地方，大批的日本雪猴是怎么生活的呢？即便身上有厚实的皮毛，它们也仍然难度严冬。日本的守林人听说了温泉的事之后，想出了下面这个办法来帮助这些猴子：

在天寒地冻的时节，守林人便在猴群活动区域的中心支起一个火堆，自己取暖后便离开了。不一会儿，在附近丛林里目睹了全过程的猴子们就会来到这儿，并效仿人类的做法。没过多久，它们就学会了在守林人为它们生好的火堆旁取暖而不灼伤自己。

另一个猴群的成员则在过去几年里学会了在大海里洗浴，当然只是在夏季。一位猕猴姑娘偶然在海中的冲浪区发现了食物，于是它涉身入水，随即觉察到在大暑天里海水是多么凉快。

仅仅三年之后，猴群中所有的少年都效仿起了它的做法。这群两岁大的青少年把自己变成了真正的水老鼠，甚至从三米高的山崖上跳下，跃入海浪。不过，它们一旦长大，就会停止这种"幼稚的行为"。

大阪箕面山区的一只母猕猴做出了最令人瞠目结舌的模仿行为。有一名研究人员对它所在的猴群做实验，大量使用麻醉剂。这一天，该名男子不慎失手掉了手中的注射器。这只母猴便以迅雷不及掩耳之势操起这小东西，让这位研究人员去见了周公。

青藏高原上的野牦牛

野牦牛是与我们家牛的祖先野生原牛血缘最近的亲戚，在青藏高原地带现存数量稀少。对它们，我们同样心怀恐惧。一头公牦牛的体重可达 1 000 千克。被它那对近一米长的牛角顶一记，无论是狼、藏熊还是人类都必死无疑。

因此狼群只敢围猎那些形单影只的老牦牛。这些牦牛曾经也是领导过由三头、四头或是五头公牛组成的"兄弟会"的王者。如今到了 20 至 25 岁的垂暮之年，才被更年轻的竞争者罢黜驱逐。

而即便是这些垂暮者也懂得自保。它们独自出没在海拔 5 000 至 6 000 米的高原顶端，到了那儿捕食者便无法再跟上来了。

在高原的山谷处，持续的风暴将积雪吹得无影无踪。它们就在那里觅食，以地衣和稀疏的牧草为食，直到"寿终正寝"。正因如此，牦牛是世界上为数不多的不因那命中注定的暴力性死亡而了结一生的野生动物之一。

雪暴起时，牦牛就转身以后背抵挡风雪，坚若磐石地伫立数小时或者数天，训练自己耐心忍受尘世的苦难。

那密实蓬乱的毛发能为牦牛抵御最严酷的寒霜。当它伏在冰面或是雪地上睡觉时，就会陷入它总是随身携带的暖和的"毯子"里：

那是它约半米的纤长绒毛，它们如同帷幔一般从牦牛的两侧垂下，几乎要触及地面。

母牦牛的体重仅有公牦牛的三分之一。但母牦牛在牦牛群里同小牦牛生活在一起，这弥补了其在战斗力上的不足。由数百头牦牛组成的牛群是一支骇人的武装力量。因此，狼群只在月黑风高的夜晚趁着浓雾或暴雪发起攻击。

但在庞大的牛群里群居也有一个严重的缺憾：当这些动物来到一片泥泞的山谷，找到几平方米的青草，这点儿粮食会立马被一扫而空。这之后，整个牦牛群不得不继续饥肠辘辘地踟蹰前行，它们翻山越岭，穿过高耸的山峡、冰川和雪原，时常要走一百多千米，才能到达下一片绿洲。

早在 3 000 年前，藏人就已经把野牦牛蓄养起来。自那以来，它就成为贫瘠高原上农民们赖以生存的基础。再没有其他牲畜可以在这野外生存下来。

集马、驴、牛、羊的特点为一身的家养牦牛就这样被繁育起来。藏人把它们当坐骑，用它们拉重物，让它们产奶，并每年一次剃下牦牛毛以制成衣物。

相较于它的野生亲戚，家养牦牛的体形较为瘦削。但即便如此，它仍是一种凶猛的牲畜。

动物们的生存艺术

按内置的时刻表和路线图迁徙
——鸟类迁徙的新发现

一只小小的鸣禽是如何飞越 2 000 千米的撒哈拉沙漠的？当它生平第一回在秋季进行这趟旅行时，完全只身一"鸟"且只在夜间飞行，它又是从何得知自己在什么时候、什么地点已然到达了自己的冬日寓所的呢？

1984 年，在康斯坦茨德国鸟类学家协会的年会上，德国和奥地利的定位学研究者分享了他们对于上述问题以及其他鸟类迁徙未解之谜的最新发现。

鸟类是否能够不停歇地飞越地中海以及撒哈拉区域，迄今为止一直为动物学家所质疑，人们认为至少小型鸟肯定不行。沃尔夫冈·弗里德里希（Wolfgang Friedrich）、海涅（G.Heine）以及赫伯特·比巴克（Herbert Biebach）三位博士在埃及绿洲"萨达特农场"的观测说明了这一点，而事实还更具戏剧性。

从中欧到土耳其南岸，或是到克里特岛、罗德岛或塞浦路斯，夜歌鸲、鹟、莺、柳莺、红背伯劳等鸣禽得花上约一个月的时间。在路过食物丰富的区域时，它们就那样晃悠着一边觅食一边前进。

但在地中海北岸它们的行为发生了巨变。在秋季晚 8 点左右，它们开始离开休憩的灌木丛，并以约 50 千米的时速通宵飞越。在海上长途飞行 360 至 550 千米之后，南非的海岸线便在破晓的曙光中进入了它们的视野。

在这里以及这之后飞越沙漠的过程中，小小的鸟儿们则必须做出一项生死攸关的决定：我该在何时何地着陆？在十到二十米的空中，上午的气温越高，鸟儿就越难驱散其运动中的飞行肌产生的体热。这个时候，着陆并停驻在温度更高（约 60 摄氏度！）的地面上都比这要好受些。

然而，在错误的地点以及错误的时刻着陆则注定意味着死亡。最适宜的栖息地是绿洲，整个早上，那儿的灌木绿篱简直挤满了迁徙的鸣禽。汽车残骸、空汽油桶，以及岩石裂缝和大点儿的石头也都被找到并作为庇荫之所。作为着陆点，石漠是完全可以接受的，但纯粹的沙漠或是砾漠可就是炼狱了。

在这些地方，小鸟们保持着一种僵滞的状态。它们不喘大气，也不觅食。其体温与空气的热度仅有分毫之差。它们在一天中最炎热的时段里控制能量和水分的代谢，维持着类似冬眠的状态。这种现象还有待进一步研究。

当傍晚来临，鸟儿是重新启程还是继续休息下去，取决于两件事：其体内脂肪的储量以及周边可摄食的昆虫存量。如果发现有可吃的，它将利用黄昏时分气温尚可忍受的几个小时，把自己的肚子填满。

鸟儿携带着一种以脂肪层的形式储存的"旅行干粮袋"，它如同一个长在胸前的单峰。研究人员可以很容易触碰到它并估计其重量。比巴克博士称，通过这种方法就可以预测一只鸟儿将休息的天数了。

当脂肪储量低于临界点时，在大约一周之后，鸟儿体内的迁徙驱力就将暂时熄灭。它的天性告诉它不能再继续飞行了，而是得停

　　　　　　　　　　　　　　　动物们的生存艺术

下来重新充实"行军补给"。然而，如果一只精疲力竭的鸟儿在着陆点找不到食物的话，就必死无疑了。

那么，在正确的地点着陆就是一切的关键所在。毫无经验的幼鸟的死亡率是十分惊人的。前辈们却很清楚地知道，一个可"度日"和进食的着陆点得是什么样的。它们就像不知道下一个加油站在哪里的长途司机那样干：每一次只要有机会都"加油"，哪怕就那么一点儿。

康斯坦茨鸟类学家年会公布了南德的研究人员在实验室的笼子里也能观测动物迁徙的行为细节。这一消息令人难以置信。然而接下来，德国鸟类学家协会主席，来自拉多夫采尔鸟类研究站的彼得·贝特霍尔德（Peter Berthold）教授给出了振奋人心的实验结果。

当鸣禽的迁徙驱力在夏末的夜晚觉醒时，研究人员观测到了所谓的迁徙躁动。鸟儿们不睡觉，而是在笼子里跳来跳去，把翅膀扇动得嗡嗡作响，就好像一刻不停地想要起飞一样。科学家们已设计出一种可测量这种躁动强度的仪器。

仪器显示，在最开始的四周里，这一数值还相当低。这与前文提到的直到欧洲南海岸的慢行阶段相符合。接着，数值一路飙升到峰值，这正是在一年中这些鸟类的自由同胞飞越地中海和撒哈拉沙漠的时节。在这之后这种迁徙躁动又再度减弱了，并呈现出对接下来穿过中非到达南非的慢行阶段的反映。当十二月或一月迁徙躁动最终停息时，实际迁徙的鸟儿已到达其目的地即冬日寓所。

这无外乎意味着：鸟类在其几周乃至几个月的长途旅程中的整个行动计划，是与生俱来的。就如贝特霍尔德教授所说："其时间表是先天的。"候鸟的迁徙躁动就好似它们的一种本能、一种远方情结。

而每种候鸟迁徙躁动强度波动的时间模式各不相同，这取决于鸟类迁徙途经的线路长短，以及它是否并何时可以有慢行的阶段，又何时必须全速飞越海洋和沙漠。

杂交实验支持了这一发现。德国南部的欧亚莺要飞行很远，而那些来自加纳利群岛的欧亚莺却完全不是这样，它们的迁徙躁动微弱得几乎不存在。人们将这两种欧亚莺进行杂交，这样杂交后代表现出的仅是中程候鸟的躁动模式。也就是说这些动物在还在鸟蛋里的时候，就已然手握"机票"了。

稀奇的是，对飞行方向的规划也包含在这"机票"之中。来自慕尼黑附近安德希斯市马普行为生理学所的埃伯哈德·格温纳教授可以证明这一点：欧洲柳莺先是飞经从中欧到西非的西南航线。如果它照着它的迁徙躁动所要求的方向继续飞行，将必定溺毙在大西洋里。因此，它在那儿改变航线，向东南方向飞行，就这样到达它位于尼日利亚和喀麦隆的冬日寓所。到了春天，它便直接向北飞行，飞越撒哈拉回到欧洲。

但是，是什么转弯标识告诉了鸟儿它得改变它的飞行方向呢？过去定位学研究者猜测，是星星的位置给出的信号。但这其实并不对。因为到了同样的季节，在中欧的研究所的笼子里，那总在原地嗡嗡振羽的鸟儿也会和它那些自由飞翔在毛里塔尼亚高空中的同类一样执行相同的转向。在笼子里，它彻夜在栖木上向着飞行的方向振翅。在九月里是朝着西南方，但接着，到了十月的某一天，它便突然转向东南了——与它在自由天空下的同类完全同步。

因此，在"内置年历"的时间表即所谓年钟里，这种迁徙转向同样也是为鸟儿的迁徙行为和定向而预先设定好的。

动物们的生存艺术

在必要时转换父母角色——灰雁

七只快乐可爱、嘎嘎欢叫的雁宝宝才两天大。妈妈阿尔玛（Alma）精心照料着它们，而爸爸阿尔贝特（Albert）则辛勤地站岗放哨，使这家园牧歌免受天敌打搅。当命运将幸福的家庭生活无情地打碎时，年幼无知的雏鸟似乎还在盼望着一段无忧无虑的少年时光。

这支小队从位于维也纳近郊阿尔姆塔尔的奥地利科学院康拉德·洛伦茨动物行为学研究所（即他家的五层别墅）附近的养殖区出发，经过6千米的飞行，在夜幕降临时到达了夏日牧场。

鬼知道阿尔玛为什么把孩子交给鸟爸爸，让它们夜晚在爸爸的羽翼下取暖，而自己却担负起了往常雄雁的任务——警戒。也许是鸟爸爸在白天太劳累了吧，它得飞来飞去：这儿要赶走一只喜鹊，那边要看好跟着主人散步的狗，还有奶牛，以及好奇的同类们。

阿尔玛并不熟悉守夜的工作，当一只狐狸抓住它脖子的时候，它保准是睡着了。很快地，狐狸咬死并拖走了阿尔玛，鸟爸爸和孩子们对此却丝毫未察觉。据康拉德·洛伦茨研究所的研究员安格利卡·施拉格尔（Angelika Schlager）观察，在它们第二天早晨醒来时，七只雏鸟一开始还并没有表现出少了什么的样子。向来就只有父母的一方留在身边，它们对此本就习以为常了。

阿尔伯特却陷入了深深的焦虑之中。它不断大声呼号着,摇摇摆摆地到处寻找。它走得太快了,以至于小绒球们都要跟不上它了。但如果一个孩子叫唤得实在太可怜,它还是会停下来的,等到大家全都再次跟上再马上重新开始奔走寻找。

在第一次休息的片刻,雏鸟们便挤挤挨挨地簇拥到爸爸周围栖息。顺带提一句,这已经是阿尔伯特在它 12 年的生命、与阿尔玛 10 年的夫妻生涯中第三次做爸爸了。但在白天发生这种情况却是它完全不习惯的。所以它先往旁边挪了挪,但小家伙们马上又依偎了过来。这位爸爸再一次避开,雏鸟们却又即刻挤到了它身侧。这种情况持续了好几次,直到它终于让步,任由孩子们在自己的翅膀下栖身。从这一刻起它意识到,作为爸爸的它已经上了如何给孩子母爱的第一课。

过了不一会儿,这支小队依旧拼命地找寻着鸟妈妈。有一只陌生的公雁靠近了它们,阿尔伯特习惯性地立马对其发起了进攻。可这时候雏鸟们就被独自落在一旁了,它们随即开始带着哭腔可怜兮兮地叫唤起来。阿尔伯特连忙回到了它的孩子身边,可是一旦它们平静下来,这位爸爸就又向敌人发起了进攻。

这种来来回回的拉锯战重复了好几次,直到阿尔伯特那炸开着羽毛的脖颈为难地僵住了,它左顾右盼后,选择了自己的孩子。从此以后,像所有母亲那样,它抑制了自己进行无谓打斗的欲望。

在鸟妈妈去世的两天后,阿尔伯特带着它的孩子们重新飞越了那 6 千米航线,回到了阿尔姆湖。它是想在这儿找到它的妻子吗?如果灰雁不是戏剧性地亲历了其伴侣的死亡,那它们就绝不甘于接受对方失踪的事实。然而,谁都没有注意到第二天晚上发生的事。

　　　　　　　　　　　　　　　动物们的生存艺术

但无论如何，到了次日清晨，七只雏鸟中就只剩下三只了。

那另外四个不幸的孩子是被貂、黄鼠狼或是野猫叼走了吗？让阿尔伯特又当爹又当妈是否太过苛求了？那么，一对灰雁夫妇终生厮守在一起是否还有什么更深层的意义？是因为单亲即便竭尽所能也无法独自保得幼鸟周全吗？

17天后的一个月黑风高的晚上，阿尔伯特又失去了它的两个孩子，仅仅剩下一只雏鸟还留在它身边了。这下子它可彻底崩溃了。它越发绝望地寻找着它的爱侣。它对对方的爱和渴望超越了它与孩子的关系，到最后阿尔伯特甚至遗弃了仅剩的一个孩子。

一只单身灰雁收养了这只无父无母的雏鸟。而且，事实上它成功地将这孩子抚养到了能飞起来的年纪。接着，三周之后，阿尔伯特又现身了，但它已认不得它的孩子。这种事在一名灰雁母亲身上可从不会发生。

而安格利卡·施拉格尔也在报告中写下了一个灰雁妈妈角色转换的故事：当这只雌雁还在孵卵期时，它那负责警戒的丈夫在对抗外来野鹅攻击的过程中失去了双腿。从那以后，残疾的鸟爸爸就接过了孵蛋以及之后为幼鸟取暖的工作，而鸟妈妈则走上了守护者的岗位。

对于灰雁来说，父母亲角色转换其实完全行得通。不过只有在别无选择时，它们才会在最极端的紧急状况下这样做。

果实丰产反而带来厄运——堤岸田鼠

1977 年秋天，德国下萨克森州的山毛榉果实产量巨大，这导致了来年该州落叶阔叶林山毛榉大面积死亡！

事情是这样发生的。山毛榉果实是我们那仅有十公分长、像纸片那么轻的堤岸田鼠最爱的佳肴。当从天而降的馅饼实实在在地落到它们的头上时，灌木丛和密林里到处都是它们采集、贮藏和堆积的辛勤身影。

这些滑稽的小动物先是把它们的财富集中到地下的仓室和洞穴里。当这些地方被填得溢出来之后，堤岸田鼠又把剩下的存货放到树莓丛间、灌木丛中以及木头垛里。它们用树叶、荨麻和藤蔓编织成球形的"鸟巢"，把它们掩藏起来，并装满坚果。

特别的是，在这些采集行动中，这些小小的啮齿类动物几乎从不自己偷吃坚果，好像它们知道把容易保存的果实留到冬天更为划算。因此它们当下只用那些易腐烂的果实来果腹。

这当中还有菌类。观察者惊讶地看到，在食用菌类时，堤岸田鼠就如同老道的菌菇觅食者：它们心满意足地吧嗒吧嗒吃着牛肝菌、鸡油菇，而对紧挨着的毒伞菇，它们碰都不碰一下。

就这样，各个仓库都被山毛榉的果实塞得满满当当，而这些小

动物们的生存艺术

动物在冬天也不必忍受饥荒之苦了，但这却导致了一个意外的后果。往年到了十月，堤岸田鼠就会暂时停止生育后代。那么，从四月开始，每田鼠就一共"只"生四胎，每胎五只幼崽，也就是一共20个孩子。但鉴于粮仓堆满了山毛榉果实，这场生子大战在那个冬天一直欢乐地持续了下来。

由于幼崽长到五周大时性器官就已成熟，它们便成了这项繁殖事业的生力军。后果是，到了来年三月，这个家族并不是共计22只，而是2 000只。

一场堤岸田鼠的"鼠口"爆炸发生了。正是因为山毛榉的库存充裕，饥荒又重新降临田鼠王国。

在食物匮乏的情况下，这些动物们开始蚕食树皮，先是吃够得着的树枝上的，然后是下面树干处的、树干周围的。到了来年，被啃光了树皮的山毛榉枯死了，就因为它们结了太多的果实！

于是，林业部门开始了一场针对堤岸田鼠的歼灭战，据说他们将使用毒药。环保主义者对此表示了抗议。不过一些地方的当局还是实施了这一方案，其他一些地方则没有。

而这时候一件怪事发生了：那些没有投放毒药的地方，来年秋天堤岸田鼠的数量竟和那些有数百万只田鼠被毒死的地方一样少。其原因是，在自然条件下，这些动物的数量也出于内在的动因大量削减了：在鼠口过剩的地区，田鼠会克制自己的性行为。在几个月里，再没有幼崽出生，直到这种动物的数量又回到数量激增前的水平。

完美的仓库主人——花栗鼠

花栗鼠的脑袋足有一根白香肠那么长，但几乎不会比一粒核桃大。可当秋天丰收的时节来临时，它却可以把最多五粒核桃同时塞进自己的"脑袋"里。花栗鼠是落基山脉悬崖上丛林里的小居民。秋收时节，花栗鼠先把一粒坚果装到它那及肩的左颊囊里，接着把又一粒坚果放进右边脸颊。之后，再左边一粒，右边一粒。末了，它将第五粒核桃放进自己那咧得大大的嘴巴正中间。

花栗鼠的运输能力在仓鼠之上。这样说的理由很充足，因为仓鼠似乎只是个短程运输员，而花栗鼠有时则要将"长途快件"运送到一至两千米外的地方。

这种长途运输能力带来了巨大的优势：仓鼠必须主要选取在巢穴附近找到的作物，而花栗鼠则可以在一个很大的区域内像个美食家那样有针对性地觅食。也就是说，它不仅可以采集坚果、山毛榉果实、谷物、草籽、冷杉果以及松果，还可以采拾各种各样的浆果、根茎以及菌类！在晒干后，花栗鼠就把它们堆放到一个地下仓库里头。这个滑稽的小动物可是能把它的冬季菜谱设计得花样百出呢。

特别值得注意的是，它把每种类型的存货都分别收纳进专门的储藏室里。它的地下巢穴就如同一座迷宫，内置有几条长达十米的走廊，连接左右两侧填满干草的卧室、卫生间，以及数不清的料仓——这当中最大的"房间"装了多达两千克的粮草。

顺便提一下，花栗鼠在它最多七年长的生命期间里一直都在筑造这个巢穴。因此，年龄越大，它所拥有的仓库也就越大。

它们在开掘坑道的过程中挖出了大量的泥土，无论如何都不能让它们就那么堆在门口。因为它们立马就会把洞穴的居住者暴露给黄鼠狼和蛇——花栗鼠最可怕的天敌，还有丛林狼、山猫、狐狸、貂、鹰和猫头鹰。因此，花栗鼠也用它的颊囊当作"集装箱"，把土堆运走，并不露痕迹地撒在远处，或是倒进小溪里。它用这一切证明了自己是动物王国中最完美的仓库主人之一。

而这也是必须的。因为花栗鼠一方面不具备像仓鼠那样冬眠的能力，另一方面它也没有田鼠那么好打发，仅有干草就能凑合着过冬。冬天时，它通常跟平时一样睡在巢穴里，每天醒来一次，然后就必须吃点什么了。

丰年时，年轻些的花栗鼠的小巢穴里的仓库远装不下所有收成。一旦料仓满了，它们就会回归到一种较原始的储存经济模式，即把粮食藏到数不清的小土洞里。这些土洞很快就能挖好，浅浅的，最多也就能装下两颊囊量的货物。

在冬天，花栗鼠未必能将这些藏匿点重新全部找到。但是坚果、山毛榉果实以及种子球果会很快生根发芽。这样花栗鼠同时也成了林场工人，它栽种新的树和灌木，有朝一日它的子孙后代将会赖以为生。

侏袋貂对抗饥饿的法宝——阶段性休眠

对动物的演化而言，澳洲曾如同一个遥远的星球。曾几何时，那儿的哺乳动物还不知胎盘为何物，取而代之的是，有袋动物发展出了一种惊人类似的形态，而根据我们的认知，那是所谓的高级哺乳动物才有的。

很久以前，那儿生活着犀牛那么大的巨型有袋目动物，还有袋剑齿虎。袋狼和袋狮已经灭绝了，但袋貂、袋獾、袋鼹、袋松鼠、袋小鼠、负鼠，以及无数其他这类物种至今还生活在澳洲大陆上。

有一种特别滑稽的动物叫美丽侏袋貂，它同样是一个杰出的"睡觉艺人"。它把别家的鸟巢或老鼠窝用来打盹。只有在捡不到现成"房子"的情况下，它才会动手搭建一个自己的卧室。

"上床睡觉"的仪式始终是这样的：美丽侏袋貂十厘米长的尾巴和躯干差不多长，内有厚厚的脂肪。它先是把那肥大的尾巴绕成螺旋形，接着躺倒在这张"床垫"上。而后，再把自己的身体蜷缩成一个球，这时候它就已然进入甜美的梦乡了。

这时候我们就可以把它从窝里拿出来（当然了，这么做是不应该的），放在地上当保龄球玩儿。然后，它就会像蛇一样发出咝咝的声音，却完全不会想要醒过来。因为它的这个睡眠过程需要持续整整三个小时。

这让人联想到我们欧洲睡鼠的冬眠行为。可是，在我们的概念里，澳洲的冬天不太冷，那它们的冬眠是为了什么呢？为了在饥饿时期活下来！在死于营养不良之前，美丽侏袋貂会进入深度睡眠，此时，它的所有生命活动都会在较低的体温下切换成"文火"状态。动物学家把这种现象称为"阶段性休眠或蛰伏"。同样有这一现象的动物，为人所知的还有蜂鸟、蝙蝠、鼩、幼年雨燕和苇鹪以及鼠鸟。

美丽侏袋貂偏爱在桉树上猎食昆虫。有时候它也会捕来几乎和它自己一般个头的蜥蜴，不过这只是难得的星期日烧烤*。它定期在花序上或花序里面寻找昆虫，把花朵弄得乱七八糟并把它们洗劫一空，不过它不吃花蜜，只吃昆虫。

另一个好处是，因为桉树叶含有毒，住在这些树上的除了肠道里装有"解毒设备"的考拉外没有其他动物，而考拉又是它的近亲——这就是说，在桉树上，美丽侏袋貂没有天敌。

但是桉树也有不开花的时候，这时就几乎没有昆虫营营盘旋在那儿了。而这些小小的"树栖袋鼠"又不愿意换到别的植物上去，因为它害怕其他地方会有天敌。这样一来，美丽侏袋貂就开始饿肚子了。多数时候它们会好几个一起寻到一个窝，和自己的同伴依偎在一起，然后立马进入阶段性休眠或蛰伏状态。

就这样，它们在必要的时候通过睡觉来保命——直到有朝一日花儿重新开放。

---

*   这里本指德国人为了周日的正餐时段而特别提前准备的烧烤大餐。——译者注

第八章

紧急时期的万能药

对手间的合作带来双赢——水羚

那个给水羚起了这个名字的家伙应当受罚。要是用"鹿羚羊"来称呼这种雄伟高贵的动物应该会更加特色鲜明。不过"水"在非洲是宝贵的代名词,这种动物与水的联系是这样的:

当一支旅行队焦渴难耐而最终找到了一头水羚时,大家确信不远处肯定有救命水。这时,人们只要让这头动物"领着"他们去水源就行了,因为每当危险来临,比如路遇狮子、豹子和鬣狗,这些头顶大角的家伙总会往水里逃。

它们在那里不会立马被鳄鱼"招待"吗?只有极少时候会这样。因为水羚生活在海洋或者河流的断面处,鳄鱼可不中意那儿。鳄鱼这种庞大的两栖动物需要沙洲或平坦、没有遮蔽的河岸来享受日光浴。水羚爱的却是泥泞的、铺满芦苇或茂密灌木的河岸地带,在那儿,它们可以把自己隐藏起来。

在这里,几头公羚羊以施雷贝尔花园*的模式建立了私人领地,地地道道地做起了河岸邻居,只不过规模要更大一些:在 100 至 400

---

* 在德国,政府按照统一规划将城区闲置土地分成 20—50 平方米不等的小块,出租给家中没有花园的居民,用于私人种植花草果蔬,并兼具疗养与休闲的作用。这最初缘起于丹尼尔・施雷贝尔(Daniel G. M. Schreber, 1808—1861)所倡导的"儿童果菜园"运动,旨在给孩子创造绿色空间进行游戏和园艺活动。——译者注

米的滨水地带，矩形地块延伸千米，直至内陆的放牧区。

最强壮的"先生"占领着最大的"花园"。据弗莱堡动物学家彼得·维尔茨（Peter Wirtz）观察，有一头特别强壮的公羚羊的行为甚至像极了人类：它将自己的领地沿着河岸线无限延伸，乃至切断了它的两个邻居去往河边的通道。

优越的领地选址对于这头公羚羊来说意义重大，这不仅意味着食物、水源和藏身之所，而且，最重要的是，这关乎它与母羚羊的爱情游戏。虽然公羚羊看起来威武雄壮，但这种外表特征并不能打动那些母羚羊。那些结成小群、四处游荡的不长角的母羚羊唯一感兴趣的是尽可能地好吃好喝，同时藏好自身。出于以上原因，它们才被吸引到了这里，这使这头公羚羊在尽可能大的区域里实现了交配垄断。另一位研究者把这种现象称为"基于食物源垄断的一夫多妻制"。

然而令人不解的是，在那些生活着大量水羚的地方，大约每两个领主都能容忍一个所谓的随从在其领地活动，有时候还是两个甚至三个。它为什么不把这些跟它抢食物和雌性的竞争者赶出去呢？

宜居地带的"房荒"的确曾一度出现过。不少于84%的公羚羊找不到雌性也频繁光顾的领地。这些年轻的小伙子群居在社区的边缘，而那里的鳄鱼更多。

正如彼得·维尔茨所说：一个不断向领主表示臣服的随从已可在茂密的灌木丛里骗发情母兽与自己亲密接触了。这种"偷情狂"的生活可不赖，当然可不能被抓了现行。此外，如果随从感到它的力量已足够强大了，它也可以把它的主人或是邻居赶出去。

但领主养着那些成长中的对手有何好处呢？好处可多了。因为

　　　　　　　　　　　　　动物们的生存艺术

随从会积极保卫领土。它与每一个比它弱的入侵者交战。这样一来，"老大"只要在强于它"副手"的对头出现时再出手就行了。

这极大地节省了精力。目前的种种迹象表明，拥有侍卫队的领主的统治时期会长得多（可长达两年）。而一位没有后援支持的领主常常没几个月就已疲惫不堪了，那样，它就会被年轻小伙子或是它邻居的随从驱逐出去。

因此，竞争对手之间的合作，特别是在紧急时期，也能产生双赢的效果。

洒下甘露的动物——知了

在《圣经》中，当摩西带着以色列人穿越西奈沙漠逃出埃及时，众人皆饥火烧肠，主便从天上降下甘露，这神迹的食物结束了饥荒。时至今日仍旧有很多人讨论，甘露具体可能是什么。一个合理的假设是：那是由知了（蝉）从树上，而非天上"降"下来的植物蜜露。

在天地沉于死寂数月之久后的某一天，忽有数以百万计的知了幼虫破土而出。它们爬上树梢、羽化成虫，并且开始刺破嫩梢，让甘甜的汁液涌出。一如在它们矮小的亲戚蚜虫身上所发生的那样，知了的觅食处也有蜜露的盈余，而在数百万只知了同时刺破树梢时，甜美的"甘露雨"便降临到了地面。

以色列人可能就是在这些树下歇息时，"神赐之食"切切实实地滴入了他们口中。在这件事上，大自然的奇迹解了燃眉之急。

这种"甘露奇迹"被烙印在蚂蚁的生命周期里。它们紧随着知了爬上树，在那里收集蜜露。而且，假如蜜露流得太慢，蚂蚁们还真的会在知了身上"挤奶"。众所周知，它们在那些只有 2 至 3 毫米的小蚜虫身上也会干这种事。不过，在这里，它们的"糖汁奶牛"有 3 至 4 厘米长，所以和"挤奶员"比起来，这些"奶牛"可真是名副其实的庞然大物了。

动物们的生存艺术

知了和蚂蚁间惊人的互利行为还有很多。知了是为数不多会照料幼虫的昆虫。母虫在树叶上将幼虫孵化出来之后，它们还会再保护孩子 32 天，使其免受蜘蛛、瓢虫以及其他捕食性昆虫的攻击。

但是，当蚁群把知了算作其甜奶产业的一环时，它们会同时把保护幼虫的工作也接手过来。是的，知了妈妈看起来似乎十分信任这支"禁卫军"。因为，在这种情况下，它只会照顾它的孩子六天，然后就把它们完全扔给蚂蚁们照看，自己则马上开始新一轮孵化了。而这些并非同类的动物在这里真正意义上当起了"保姆"。

而在这些以植物汁水为食的昆虫身上，惊人的现象甚至还有更多。比如说，在美国南部住着几百万只十七年蝉，它们是所有节肢动物中寿命最长，也是叫声最响的。在它们以难以想象的数量几乎同时爬出地面前，这些知了幼虫会在植物根部潜伏至少 17 年。一旦见了天日，它们将不再进食，并在 4 至 6 周后在性爱中死去。

在这段短暂的时光里，雄蝉会奏响震耳欲聋的啾啾奏鸣曲。一只知了在枝丫上发出的喧闹的歌声，在四百米外都能听见。而一个有几千个成员的知了合唱团会让人们之间无法谈话。

与靠翅膀和脚摩擦发声的蚱蜢和蟋蟀不同的是，这些叫得最响的知了将它那无须承担消化职能的后腹部整个儿地转化成了一种鼓。根据铝罐原理，知了先是将一块内部肌肉挤压成一盘拱形的"唱片"，然后再让它重新弹回原型。

每秒 120 至 160 次的喉塞音能产生各种音高的声响，另一方面，它们还能形成短尖声脉冲，以传达不同意义的信号。

此外，这种（断断续续的）"摩尔斯电码"的速率取决于大气温度。例如，美国有一种"温度计"蝉，人们将其 15 秒钟内的鸣叫次数数出来再加上 40，就可以准确地知道当时的气温有多少华氏度了。

可这奏鸣曲引来的不仅仅是求偶的雌蝉，还有诸如鸟类和黄蜂这样的天敌。对此，为了保护自己，所罗门群岛的数千只知了会在同一时间鸣叫，精确得就好像一支管弦乐队。

在飞行时，亚马孙蝉的后翅会闪烁火红色的光亮来吸引雌蝉。但在危险来临时，它则会落在一片树叶上，将橄榄色的前翅盖在身上，突然变为叶绿色，就这样消失在敌人的视野里。

大规模集体迁徙给角马带来的灾难

1958 年，在伯恩哈特·格日梅克（Bernhard Grzimek）教授在坦桑尼亚建立塞伦盖蒂国家公园之前，这片草原上仅生活着 10 万头白须角马。因为它们现在不再遭到常规性捕猎，其数量截至 1983 年已经增加到超过 150 万头。

但几年来，这个数字一直保持在大概同一水平上，继续大批量的繁殖与同样大规模的死亡保持了平衡。而且，即便这些动物对它们的食物精打细算到让人叹为观止的地步，这种平衡还是保持着。

这是塞伦盖蒂西部草原的五月中旬。在二至四月的雨季，这儿经历了大量的降雨和牧草的疯长。而在这之后，最早从三月初开始，大约 20 万头斑马出现在这片草原上，黑压压一片，它们来到这里觅食新鲜的牧草。而顷刻间它们又全部不见了，原来是奔赴北方，寻找别的牧场去了。

但是不过短短几天之后，人们欣喜地发现，上百万的蹄子再一次将这片土地淹没：那是 150 万头角马。可是，斑马不是刚刚把所有牧草都吃完了吗？

来自牛津大学的动物学家理查德·贝尔（Richard H. V. Bell）教授现在已经解开了这个谜团：斑马只吃草茎的嫩梢。其他含有更多木质纤维的部分它们不喜欢，于是就剩在那里了。

而这恰恰是角马的食物。角马现在正削下第二"层"草。而在两个月后，也就是七月中旬，当角马步着斑马的足迹继续向北迁徙，70万头汤姆森瞪羚又会进入这里，将它们的"割草机"再往更深一层推进。就这样直到十月瞪羚也吃饱喝足之后，它们也追随角马向北而去。

就这样，同一片"草地"可以直接供三群庞大的有蹄类动物相继取食，而且，它们中的任何一种都不会导致其他两种饿死。

与此同时，在不同牧场之间的迁徙道路上却上演着巨大的灾难。

有一次，塞伦盖蒂草原发生了严重的旱灾。焦渴难耐下，一支庞大的角马群涌向了科维萨尔河。这里的陡峭河岸上只有一处坡道通向水面，上面可供站立的空间十分狭窄。走在最前面的角马在斜坡前停下了脚步，通向坡道两侧的通道被大队人马堵住了。但是尽管如此，随后而来的大部队还是盲目地不断向前推进。一场灾难爆发了：每3 000头角马当中就有4头跌入水中淹死。

还有一次，马拉河爆发了汹涌的洪水。在穿越浅滩时，成年角马还能勉强保持平衡，到达河对岸。但是那些才没几周大的幼崽可做不到，何况它们并没有跟着妈妈，而是结成小角马群向前移动。它们大声朝妈妈叫唤着，在岸上四下打转。只有几个角马妈妈听见了并掉头回来，可是它们却也一点忙都帮不上。最终，这些小角马跳进了洪水里，这种行为无异于自杀，它们就这样溺死了。在这一年出生的小角马几乎都丧生于此。

然而，这支庞大的长达40千米的成年角马队伍还是拖着沉重的脚步，毫不动摇地向着下一片牧场继续前行。

动物栖地城市化的新动向

在近几年里，主动来到大城市生活的动物数量出现了跳跃式上升。以下是本书写作时的几条报道：

在美国佛罗里达州迈阿密，鹈鹕发现了在城市路灯照明下睡觉和休息的优越性。那里很暖和，肉食动物又爬不上路灯的铁杆子，而且在夜间那还是一个明亮的圆形警戒灯。

在德国不莱梅港和威廉港，银鸥将大城市屋顶上的人工沙堆变成自己的新繁殖点。

在德国拜仁州的一些村庄里，教堂的钟声再也无法响起了。其原因在于，数只蝙蝠牢牢地倒挂在钟舌上，睡得正香。

在澳大利亚墨尔本，几百只狐蝠挂上了有轨电车的悬链线。每过十分钟，当一辆电车驶来时，它们会短暂地飞开，然后马上再继续睡十分钟。

南非开普敦的豚尾狒狒发现了一种新的运动项目：它们

爬上木质的电线杆，并在电线上耍起了走钢丝，以致那里的电线不断需要维修。

当前，美国洛杉矶近郊已经被郊狼成群地入侵，它们吃掉了猫猫狗狗，还整晚朝着月亮发出惹人心烦的噪叫。

远比这更糟糕的事发生在印度新德里郊区的贫民窟。这里的鬣狗在夜里胡作非为，肆无忌惮地从开着的窗子跳进房子的一楼。仅仅在过去的一年里，它们就吃掉了48个儿童。

瑞典首都斯德哥尔摩新来了一批"停车场管理员"——麋鹿。它们吃光了这片区域里所有的落叶。此外，它们还出现在马路上，逼停了轻轨列车和各种车辆。它们甚至还会跳上一楼的阳台，把放在那里的花箱吃干抹净。

灰鹭飞行大队选中了荷兰阿姆斯特丹市中心公园里的几棵树，在那里建起了一个繁殖点。至于食物，去隔壁的动物园里拿就行了。这一行为被争相效仿，在英国伦敦和瑞典斯德哥尔摩的动物园旁边，也已有灰鹭主动安家落户。

在德国，乌鸦已经学会了在秋天从树上收核桃。接着，它们会把核桃扔在马路上，等着汽车开过，为它们碾开坚果壳。

去年夏天，在德国汉堡奥斯多夫公墓，总有恶棍定期把鲜花从花瓶里拽出来。不过这并不是出自暴力青年之手，而是乌鸦为了在大热天里给自己腾出个"浴盆"而干的缺德事。

在亚得里亚海海滨浴场的冲浪区，寄居蟹遭遇了空螺壳匮乏导致的住房紧张。这时，它们也会选择空药瓶或小铝罐也即富裕社会的垃圾来当作它们的家。

最后，过去只在白天飞越直布罗陀海峡和撒哈拉沙漠的鹳发现了一种在夜间飞行的可能。一改之前在绿洲和绿洲之间迁徙前行的方式，它们现在从一个油田飞向另一个油田。燃烧排气产生的巨大火堆在为它们指明了道路的同时，也提供了滑翔所需的上升热气流。

独特的生存策略让家鼠遍布全球

　　这是一个在美国加利福尼亚州莫哈维沙漠里快要渴死的人看到的海市蜃楼吗？一只再寻常不过的家鼠爬到了一片仙人掌上，就好像它的刺是高低杠的杠木……家鼠向后回环，伏地起身，前跃，最后一个分腿跳，落到了一棵花蕾上，而后者马上就要成为它的腹中之物了。

　　就这样，这只小老鼠把仙人掌那些本该用来抵御觅食者的武器当作了台阶，来方便它享用这沙漠植物。这是不是家鼠的惊人本领的又一例证呢——四周有人类伴随的生活是朝不保夕的，而现在，在沙漠中，它们不仅能完美地适应这种极端环境，而且还能在同样危险的沙漠里生存下来……

　　不，这背后还有很多故事。家鼠来自中亚沙漠，是地地道道的沙漠原住民。早在 9 000 年前，在人类刚开始种植并囤积谷物时，这些小小的素食啮齿类动物就已经成为以谷物为食的"家畜"了。从它们的角度来看，人类的居所就是一种"沙漠"，这里有新的危险的"猛兽"。但这儿的食物取之不尽，为了这一点，冒任何风险都是值得的。

　　拜现代文明所赐，如今有无数物种都灭绝了。但家鼠懂得如何出色地适应它。作为过去的沙漠居民，它们现在以几十亿的庞大数量生活在大城市这片钢筋水泥筑起的荒漠中。

在德国鲁尔区矿山 550 米的深处，在电视塔顶层的旋转餐厅里，在撒哈拉的绿洲中，以及在南极洲的科考站里，我们都能找到它们的身影。它们跟随着人类，踏上了每一片大陆和几乎每一座岛屿。在昏暗的冰库里，在零下六摄氏度永久不化的冰冻中，它在冻肉里用麻袋做出了舒适温暖的巢，并在那里抚育幼崽。

谷仓的内部是老鼠的懒汉之家。由于它在那儿从来都找不到水喝，所以它就用化学方法从干食中制水*。得不到水的老鼠真是名副其实的"教堂里的穷老鼠"，也只能这么做了。顺便说一句，它还以蜘蛛网上的死苍蝇为食。

在城郊的花圃里，家鼠则学会了在灌木丛里左攀右爬，像榛睡鼠或是冬眠鼠那样吃一肚子浆果。

在城市的摩天大楼里，它会蹲在电梯的顶板上一层一层地往上坐，或是沿着垃圾滑槽的垂直墙面向上爬到顶层。它最喜欢的路线是热风管或暖气管道。它把管道上的隔热层啃下来，这样它不仅获得了制作鼠巢的衬垫材料，还能让脚在爬行的时候不觉得冷，简直是一举两得。

得克萨斯大学奥斯汀分校的布朗森（F. H. Bronson）教授尝试着探求家鼠全球性成功背后的秘诀，他认为关键在于：与大多数其他动物不同，家鼠的繁殖并不与某个季节挂钩。是的，那甚至与气候、在可忍受范围内的温度、光线都无关。它在任何时候都可以生育幼

---

* 用化学方法从干食中制水是一种幽默的表达方法，此处意为：喝自己的尿。——译者注

崽。这一点和人类很像。

而在食物短缺时，家鼠的繁殖会大大减少，在这件事上它倒是完全不像人类。所谓的欠发达国家的人们越穷越要生孩子，却不知道该怎么养活他们。而雌家鼠在饥馑中会立马停止追求多子多孙的行为。然而，在食物存量充足的情况下，例如在存放冻肉的冰库中，即便温度已达到零下，生育下一代的事业却依旧能欢乐地延续下来。

在饥饿状态下年轻雌鼠的幼年期甚至会延长。或者，在饥荒持续时间较长时，它们一生都无法达到性成熟。

这种特性同样也来源于家鼠的沙漠生存经历。在那里，幼鼠一旦断奶就必须离开其家族生活的区域，大多数时候它们得跑很远的路程才能找到新的栖息地。

在这种情况下，虽然年轻雌鼠已经成年，但如果它们在迁徙过程中就已可以受孕的话，是十分荒谬的。陌生的雄鼠会在占有它们后就甩手不管，并不履行养家的义务。这样雌鼠就得在陌生的环境里妊娠，并在自己还饿着肚子的时候喂养新生儿。这种情况很容易导致母亲和孩子双双死亡。

因此，大自然对此做了安排：只要成年的年轻雌鼠还在寻找其新的住所，它们就还不具备交配能力。但一旦它们找到了栖息地以及配偶，它们的繁殖器官就会在短短几小时内发育成熟。

这几乎是一种"人为"安排的结果。大自然的这一创造奇妙地解决了问题，使年轻的母鼠在陌生的环境里，以及在没有固定配偶的情况下不会因生活而崩溃。

此外，其他同类的气味信号还能刺激或者阻止家鼠的性行为。如果只有一公一母，而且二者均为单身，雄性家鼠的存在会加速雌性的排卵。如果还有其他"女朋友"在场，雌性则会推迟排卵，直到这些竞争者离开为止。这意味着：只要母亲和姐姐们还在，"年轻小姑娘"就不能生儿育女。

有一天，家鼠姐姐们成群结队地离开了它们的故乡，上演了一出"出埃及记"。它们迁居出来，大多数都经历了长途跋涉：新的栖息地里一个吃不尽的粮仓正等着它们来"品尝"！

就这样，家鼠随着人类一起，散布到了包括南极科考站在内的世界各个角落。但是，一旦人类离开了一个地区，那里的家鼠也就注定会绝种。1930年，当苏格兰赫布里底群岛的圣基尔达岛上的最后30个岛民撤离那里之后，仅仅又过了18个月，岛上的最后一只家鼠也死了。

田鼠接手了这片被遗弃的地带。这事很古怪：在所有那些人类遗弃了家鼠的地方，它们都会被田鼠或是林姬鼠排挤；而在那些没有其他鼠类存在的岛屿上，没有人类，家鼠却也照样兴旺，就好像在沙漠里的时候一样。田鼠和林姬鼠在真正的荒野里无法生存，但家鼠却知道如何能最好地活下来。

田鼠是怎么把那些不在沙漠中而被人类遗弃的家鼠根绝的，至今仍是个谜。绝对没有发生血腥的屠杀，如果是硬碰硬，这些原住民家鼠将会身处劣势。贝里（R. J. Berry）教授对这一现象进行了研究，也并没有观察到丝毫的打斗迹象。但是他注意到，一旦田鼠的进入缩小了家鼠的生活空间，家鼠就会不再生育后代。

这很令人惊讶，因为雌家鼠通常被认为是做母亲的典范。为了测试雌家鼠解救孩子的本能要多久才会消退，一位女研究员从它身边将一只幼崽拿出鼠巢，并将其放在一米外的地面上。在它的本能消退之前，鼠妈妈将它的孩子捡回来了不下 1 850 次。因此，也不可能是缺乏母爱导致的低出生率。

　　因此，贝里教授猜测，可能是田鼠的体味渗透进了家鼠的巢里，而这种体味能导致家鼠不孕。因此，家鼠就这样在"毒气战"里被外来者的身体发出来的气味歼灭。

　　　　　　　　　　　　　　　　　　　　　　　动物们的生存艺术

橱柜里的大规模入侵者——蚂蚁

又有谁没有经历过这种恼人的惊吓呢：晚上你把一瓶开着的果酱或是一块水果蛋糕留在餐桌上，第二天早上那里就会聚集着黑压压的蚂蚁。这么一来，东西就不能吃了。而沿着墙壁则有一条荒漠商队在移动，在商道上来来往往、川流不息的是看似没有尽头的队伍，它最终隐没在一条细小的裂缝里。

这支昆虫大军怎么可以这么快就找到这丰富的食物来源，更何况还是在漆黑的夜里？

首先，蚂蚁是少数几种压根儿不需要睡觉的动物之一。它们一天 24 小时都在劳作。而到了晚上，没有了人类的打扰，它们甚至就干得更起劲了。有时候会有那么一只蚂蚁疲惫地站住并打个小盹。但是，不一会儿它就会被后面的蚂蚁故意撞醒，然后便小跑着跟上去了。除了冬天的蛰伏期，一只工蚁在其长达八年的生命里没有一天的假期，没有一刻钟的休息。

但是，它们在蚁穴里是从何得知在哪里有，比如说，一瓶敞开的果酱的呢？是蚂蚁侦察员告诉它们的吗？也许这听起来很不可思议，但从某种意义上来说真的是这样。虽然蚂蚁不能用文字对话，但它们可以借助气味互相交流。

当一位蚂蚁采食者找到的食物极其丰硕，以至于它无法靠一己之力全部扛回家时，它就会在回去的路上留下"气味路标"的痕迹。它用其后腹部上的尾刺来书写——挤压芳香腺，让一股细细的涓流从尾刺里流出来，就好像墨汁流出鹅毛笔的笔尖。

　　然而，它却不会用这种方式在地上划实线，这将是一种浪费。另外，这样一来，从侧面过来碰到这条痕迹的蚂蚁也会无法分辨，是应该沿着痕迹向左走还是向右走。因此，一位成功的食物发现者划的是虚线。这条虚线的每一笔上都有一个箭头，指明了战利品的方向。蚂蚁先是把尾刺放在地上，然后慢慢地在刺尖上施加压力，最后突然向上一扬，这些笔画上的箭头形状就产生了。用长着嗅觉神经的触角一碰，其他觅食者就能准确地知道箭头的方向了。

　　这种气味会从无色的线条里挥发到空气中，在无风环境下可以吸引其两侧最远两厘米处的工蚁。然而，当一只红林蚁撞见黑毛蚁留下的痕迹，它会径直而去。原来，在众多蚂蚁种类中，每一种蚂蚁都有其独有的"秘密"踪迹气味，这是其他蚁种的成员无法感知到的。

　　蚂蚁的踪迹气味会在两分钟内蒸发殆尽。在这段时间里，这种昆虫最多能爬 1.2 米远，这就好似它在背后拖着一条不长于 1.2 米的气味"尾巴"。

　　这是否是一种缺憾呢？蚂蚁可把这作为美德。让我们再试想一下，有那么一条路，它通向的只有一只死蝴蝶，而在一个小时里蚂蚁都能闻到它。然后，在这个小时里有一支由几千只蚂蚁组成的队伍朝着同一个地点行进，其实那里却早就没有什么可捡的了。

　　然而，在大获丰收和少量收获之间蚂蚁发展出了差异细小的不

　　　　　　　　　　　　　　　　　动物们的生存艺术

同的气味标记方式。我们可以说：蚂蚁借助气味踪迹的不同类型来向同伴传达有关食物来源的重要细节。

这一过程是这样开始的：发现者标记的虚线间隔越窄、线条越粗，就表示蚂蚁王国里的饥荒越严重，而同时也意味着食物越好越丰盛，并且越靠近蚁穴。这时候，相较于食物比较稀少的情况，工蚁会引来更多的同类到食物丰富的目的地去。

而接着，越多的蚂蚁采食者从同一个地点装载着食物回家，它们就会留下越多或并排或重叠着的气味踪迹线，从蚁穴被派往那里的同伴也就会越多。

就这样，在很短的时间内，一条通往开着的果酱罐的挤挤挨挨的蚁道就成型了。而当主妇把果酱拿走，这里又会马上彻底地归于沉寂。在食物来源消失的几分钟后，气味踪迹连带着蚂蚁大军也就消失不见了，它们已然马不停蹄地走上了寻找新目标的道路。

然而，生活在热带的切叶蚁的习性却与之完全不同，它们会连续几周在同一棵树上采集树叶：它们留下的气味踪迹可以保持数天，并且不会在水中溶解。这意味着，即使经过猛烈的暴雨冲刷，这些痕迹依旧清晰"可读"。这样，在坏天气过去之后，切叶蚁就又立马可以沿着它出发采食了。

而对于饱受厨房里的蚂蚁入侵者折磨的人类来说，这条痕迹线的存在却也有它的好处：人们可以轻松地定位这条蜿蜒的队伍的来源，并把通进厨房的入口堵上。我不建议大家使用杀虫剂。数千只蚂蚁并不会被全部杀死，它们会把毒素带到食物上，这样人类反倒间接给自己下毒了。

比这好得多的办法是，找到涌出蚂蚁大军的洞口或是裂缝，用黏合剂或填料把它们给封上。虽然在第一次之后,这些四处乱爬的小动物过不了多久就会找到新的裂缝,不过只要不放弃,希望还是有的!

蚂蚁王国的这套不可思议的信息和劳动力征募系统是怎样形成的呢?

我们知道,原始的蚁种没有"书写"气味踪迹的能力。比如说,其中的一位蚂蚁采食者发现了一只毛虫,只有两只蚂蚁合力才能把它运回家。这只蚂蚁就回到蚁穴里,自行找一个帮手去往目的地。由于这种动物隔着两厘米就已无法看到对方了,因而,这只有通过直接的身体接触才能实现。如果跟在后面的同伴停住了,前方带路的蚂蚁也会停下等待,直到它们之间的联系恢复。动物学将这种行为方式称为"串联式行进"。

而在斯里兰卡的另一个蚁种则已经展现出了"三人成组"的方式。然而与第一只蚂蚁相反,那里的第二只蚂蚁如果失去了和后方的联系,并不会停下来等待。因此,通过这种"三人行"的模式只能到达蚁穴附近的目的地。

还有一种蚂蚁的侦察蚁已经能够标记细微的气味踪迹了。但这条痕迹线只有 15 厘米长,因此它只能带领一列最多由 20 个帮手组成的纵队。这一小群蚂蚁被认为是"天才军团",因为它们首次"发明"了蚁道。

不胜其扰的主妇们还关心另一个问题:这些小动物到底是怎么进到屋子里来的?

一条蚁道一次可以有 100 米长——从一个花园里的地下蚁穴出发,顺着房屋外墙垂直向上,到达三楼或者四楼,然后穿过窗框上

动物们的生存艺术

的一处裂缝，就这样通进了厨房。要将这些通过这种方式进来的蚂蚁拒之门外其实很容易。

然而，蚂蚁可以在墙洞里、地板夹缝中、暖气管道沿途做窝，另有一些蚂蚁则在房屋中一些人类难以到达的洞里做窝，并从里面出来祸害一切可以到得了的地方。它们的寻觅天赋是无穷的。但是，蚁穴的建立者，即将来的蚁后，又是怎么进去的呢？就如"在飞行中交配的动物"这一称呼所揭示的，它们是从空中飞进来的。

大多数时候，只有在黑暗的夜晚，数千只蚂蚁才会从蚁穴里出来寻欢作乐，并飞出一段距离。雄蚁寻找雌蚁，而在它们找到彼此之后，便飞向那些狭小的缝隙，寻找住所去了。

过去，这些夜晚的狂欢者有一个十分危险的天敌：蝙蝠。在婚飞的蚂蚁所在之处，不一会儿就会有十多只蝙蝠也到达这里，并把大多数蚂蚁小夫妻从它们的婚礼上掠走。如今，在城市和乡村，这些长翅膀的幽灵的数目正在逐渐减少。也许，这就是为何今天越来越多的人受蚂蚁困扰的原因之一吧。

被污染物逼疯的鸟儿——银鸥

滴滴涕以及其他杀虫剂对鸟类产生的影响是无法估量的。这不仅仅指有鸟类死于杀虫剂，也不单是说它使鸟儿生出会在孵化过程中碎裂的薄壳蛋。除此之外，它还让鸟类社群的行为方式彻彻底底地退化了——1982 年，美国研究者在洛杉矶附近发现了这一点。

在圣巴巴市有大量滴滴涕被农业经济类工厂倾倒进河流，并流入大海。这其中不少的残余在鱼类、贝类以及其他小型海洋生物体内积聚起来，而这些海洋生物又是银鸥的食物来源。

第一个后果是：在圣米格尔岛上的加利福尼亚银鸥繁殖地，1 200 对银鸥孵出的幼鸟中，雌性的数量比雄性多出四倍。正是杀虫剂通过一种目前尚不能完全解释的途径影响了幼鸟的性别。也就是说，它对雌银鸥影响很大，以致其孵出的大都是雌身。

由此导致的第二个后果是使银鸥世界产生了各种配偶模式。有人假设，在雄鸟比例连年减少的情况下，它们会抓住雌性过剩的机会来充盈自己的后宫。而这种假设实际上没有得到证实。显然，雄银鸥没有妻妾成群的基因。

实际上，研究人员在这处繁殖地观察到的是几千例雄银鸥的不忠行为。尤其是当它们自己的妻子忙着孵蛋，只能待在鸟巢里而无

动物们的生存艺术

法对其进行干涉的时候，它们就会去招惹一个同样在孵蛋并因此没有还手之力的女邻居。不过，由于被强迫的雌银鸥不愿配合，在这种出轨事件中并不会发生实质性的交配行为。

虽然不情愿的雌鸟不能阻止雄鸟骑到自己身上来，但它绝对有能力让自己的下半身避开雄鸟凑上来的泄殖腔。

用这种出轨的"办法"并不能解决雌性过剩的问题，因此，没有伴侣的雌鸟转而发展起了"同性恋"。三只、四只甚至五只雌银鸥生活在一起，共同筑一个巢，并在里面产下最多15只蛋。然后，由其中两只或三只雌银鸥挤挤挨挨地卧在一起，共同孵化这些（未受精的）鸥蛋。

这巨大的儿孙之愿从头至尾就不可能有结果，这些雌银鸥在鸟巢里孵蛋的时间比通常情况下要长得多，直到它们领悟到所有的努力都是徒劳，并离开这处繁殖地。而来年春寒料峭时，同样的剧目在新的舞台又会重新上演。

在种群数量变化方面，银鸥配偶组合行为的这种变化所带来的后果是毁灭性的：在1970年至1978年间，在这一繁殖岛上生活的银鸥数量从2 400只跌到仅剩800只。

由于数量过剩而出现的相似变异现象，只要减少该物种的数量，情况就会恢复正常。然而如果罪魁祸首是滴滴涕，那就无法自然地走回正轨。因此，为了防止鸟类绝迹，只有一个选择：停止使用这些毒药。

第九章

这样对孩子好

为什么袋鼠要有育儿袋？

一架直升机"哒哒"地朝这边飞过来，袋鼠小姐奎尼吓坏了。它奋力一跃，跳到妈妈那里，并把脑袋塞进了妈妈的育儿袋里，这个邪恶的世界就不见啦！

这个场景很可笑：自己袋里就装着一个孩子的奎尼小姐现在却在它妈妈的育儿袋里吮吸着一侧乳头，而近旁的另一侧乳头上，它那刚刚出生的妹妹就如同长在上面一般——那是一个只有 0.8 克重的小不点，与其说它是袋鼠宝宝，它倒是更可能被认成一只蝌蚪。奎尼当然比它那在一边"加油"的、勉强有一厘米长的妹妹更需要母乳所富含的脂肪。而袋鼠妈妈能够造就的奇迹是：在一边乳头进行"超级"输出的同时，另一边则以"常量"运转。

所有这些事对我们来说都颇显异域风情。在短暂的孕期后，一只几乎只能靠放大镜才能看见的、没有视力的"蠕虫"出生了。它爬行着经历了一段冒险之旅，穿过妈妈腹部的"原始森林"，进入育儿袋中。在第一次从那里边跳出来之前，幼崽会在育儿袋里待上 235 天。

究竟为什么袋鼠不像高级哺乳动物那么做呢？这个奇怪的育儿袋到底有什么用？这些问题直到 1975 年才由澳大利亚的道森（T. J.

Dawson）教授做出解答。

当一个新生命在母体中孕育时，在那里头发生的事有些类似于器官移植手术。母体会产生抗体，来对抗不属于其本身的蛋白质——也就是它的孩子。为了避免母亲把自己的孩子消灭在身体里，大自然进行了下面三项"发明"：

一、孩子会被打包在蛋（或是卵）里，并在母体外长大。鸟类、蜥蜴、两栖动物、鱼类以及昆虫均属此列。

二、高级哺乳动物（包括人类）的胚胎着床在胎盘中，这也是抵御母体血液中"宝宝抗体"的保护伞。

而第三项发明就是袋鼠的育儿袋了。它的存在是必要的，因为有袋目动物的祖先并没有成功进化出胎盘。我们认为育儿袋是一个极为奇特的替代解决方案。一只 70 千克重的母袋鼠临产了。在剧烈的疼痛中它实实在在地蜷起身子，并在极短的孕期后分娩出一个蝌蚪大的小不点。而由于孕期的时间过短，母体还根本来不及产生足量起效的抗体。此后，育儿袋就起着胎盘的作用了。

动物们的生存艺术

啄木鸟的中央供暖式育婴洞

在树干内自制洞穴的"发明"为啄木鸟带来了很大的优势，但也有相当的弊端。暴雨下了三天三夜，大多数其他鸟类在风雨中无助地离开，并不得不在雨后面对巢穴里死去的雏鸟，而啄木鸟一家则从头到尾安坐在它们干燥的家中。

几乎所有其他的鸟类都只把鸟巢当作婴儿床，在其余的时间中，它们随便找一处树枝就能睡觉。而啄木鸟的树洞在繁殖季之外也能当"卧室"使用，这对它们来说似乎是再好不过了。

托树洞的福，啄木鸟甚至是少有的几种能在自己的巢穴里"寿终正寝"的动物。而大多数其他动物早在它们变老或变得虚弱之前，就已经被天敌给吃掉了。

而拥有一间自己的木屋的弊端在于会陷入住房严重紧缺的状态。由于找不到适合凿洞筑巢的树，每十二只雏鸟里就有十只会在它们生命的第一年里死去。因为要在一棵完全健康的硬木树上开个洞几乎是不可能完成的任务。

因此，啄木鸟更偏爱那些被真菌感染了的树干。这种树木疾病会通过坏死的树枝侵入树干内部，并软化它的中心部分。而这些朽木的外部仍旧保持着坚硬状态，这给了树洞理想的保护。啄木鸟就这样通过坏死树枝留下的节孔凿进树干软化了的内部。

选用被真菌感染的树木还有一个好处。树洞里的菌类能够产生大量的热量，以至于几乎已在树洞内部形成了一个类似人工育雏保温器的空间。这能使孵化的时间缩短几日。而啄木鸟爸妈就能在外面多逗留一段时间，从容地享受它们肉体的欢愉。

20世纪70年代到80年代初，英格兰南部的榆树爆发了一场疾病。类似的事件对于啄木鸟来说极为有利，因为这样一来就会有足够多适合凿洞筑巢的树木了。有些地区因酸雨导致的树木死亡也已经引发了啄木鸟数目激增的情况。而一片由守林人保养得健康而又有活力的森林对于这些鸟儿来说可就是灾难了。

鸟类研究者汉斯-乌里希·勒斯纳（Hans-Ulrich Rösners）博士发现，在那段欧洲中部还被大片原始森林覆盖着的"美好的旧时光"里，啄木鸟过得可不比今天好。有啄木鸟洞的老树很容易就会被大风吹折，而这些鸟儿在水平倒地的树干上凿不了洞。它们一定是从史前时代开始就已经生活在住房紧缺的问题中了。

当它们找不到家或是可供打洞的树木时，这些"森林木匠"就会尝试在被闪电劈开的树干裂缝里筑巢。它们占据半壁江山并忙着用树枝把被劈得大开的入口填得窄一些。它们甚至着手扩建腐朽的树墩子——不过这都是实验，在此过程中，啄木鸟迟早会丧生在黄鼠狼的爪下。

而另一种获得住处的方式是"家园侵占"。它们会占领别的啄木鸟的树洞，直接在原主人的巢连带蛋上面铺上枯树枝，盖建自己的家。

在20世纪20年代，邮政部门经常会犯这样的错误，即在森

　　　　　　　　　　　　　　动物们的生存艺术

林里架设木质电线杆。过不了多久，就会有啄木鸟在上头辛勤地凿洞了。

今天，色彩斑斓的啄木鸟特别喜欢在城郊的花园中寻找现代文明为它们带来的福音。它们找到一根"枯死的"立木，就开始干起了木工活。而就在附近，啄木鸟还遇上了一块白铁交通牌，它落在上面，奏起它的爱情小夜曲，那叮叮当当的乐音响彻远方。

孩子能得到成功哺育，是因为有出色的父母。父母双方分工合作。一旦长到 24 天大，羽翼丰满的小雄啄木鸟就会离开树洞，啄木鸟妈妈只会继续精心照料它们的女儿。与此同时，鸟爸爸则会带着儿子们去体验另一种经历。这并不是说，男孩女孩不能一般养。更多的是因为，除了在交尾期，雄鸟忍受不了雌鸟。

仅仅一周之后，这些雏鸟就会争抢着离开父母，独立生活。在陌生的环境里，它们中的每一个都得独自试试自己的运气。只可惜这件事往往以死亡告终，因为它们生活在住房缺口巨大的"森林木匠"的王国里。

深谙筑巢之道的空中艺术家——巢鼠

呼啸的狂风预示着夏季暴雨的来临，近一米高的麦田翻滚如海浪。然而一位非常特殊的空中艺术家似乎完全没有被打扰，它就是巢鼠。它仅有七厘米长，最多十克，体重只有山雀的一半。总而言之，它是最小的哺乳类动物之一。

这滑稽的小动物沿着晃动的禾秆一步一步地往上爬。它双手的拇指和后腿上的大脚趾能牢牢地抓住禾秆，因此它并不会被晃下来。此外，就像手握平衡杆、绑着救生索的空中艺术家，巢鼠用长长的尾巴缠绕住禾秆，为每一步保驾护航，那是它的"第五条腿"。

当巢鼠觉察到白尾鹞飞来投下的剪影时，它刚刚登上顶，正靠两条后腿站起来，空出前爪去够麦穗上的谷粒。白尾鹞是为数不多可以俯冲进麦田里再马上拉升起飞的猛禽之一。

这只猛禽向巢鼠猛扑过去。而巢鼠却像块石头似的落入了小麦丛林的底部，逃脱了天敌的追捕。

也就是说，这位攀爬艺术家同时也是位逃跑技艺名家。更确切地说，它的技艺实在太精湛了，以至于虽然有几千只巢鼠住在我们的稻田里，却在 1767 年才第一次被动物科学界所发现。当然，农民在丰收时节遇上过它们。因此，假如人们不想将其称呼为"欧亚巢鼠"，它们也还有自己的名字。而这小动物身上最令人惊叹的却要数它的筑巢本领。它们就像鸟类一样，在孩子们快要降生之时，雌巢鼠单单为这些孩子建造一个巢穴，巢穴的类型与芦苇莺的相似。

巢鼠此时的工作方式就如同水手把绳索绞接和系结。它们只用后腿把自己固定在"桅杆"差不多半截的地方，将一片小麦叶衔在齿间，并用前爪竖着将它对半撕开。把这一步骤重复几次，直到将一片叶子撕成 8 到 10 条。随后，它把用同样方法撕开的叶片首尾相连地接在两株毗邻的禾秆之间。

巢鼠会将大量其他叶子也像这样编织到这个支架上，最终形成一个直径大约 7 公分的球形巢穴。其牢固程度能够抵挡任何暴风雨。而巢鼠妈妈只"忘"了一样东西：入口。它随便从哪里钻进去，而巢鼠爸爸则是被禁止进入的。

巢鼠一胎能生 5 至 9 只，每只刚出生的小巢鼠都不到一克重。但是这些小家伙成长得飞快。八天大的小巢鼠就已经可以睁开眼睛了。而到了第十一天，它已然开始了人生第一次"郊游"，玩起了多种多样的攀爬游戏。

然而，出生四天后，小巢鼠的生活就已经没那么好玩了。此时，巢鼠妈妈已离开了它的孩子们，为下一胎筑新巢去了，这一过程会一直持续到它在一年里的第六胎降生。可是，一只巢鼠在野外环境下最终只能存活 18 个月。

小嘴乌鸦的生活：没有爸爸的护卫就没有家

在一个温暖的六月清晨，伊莎贝尔太太在差不多四点的时候早早地被惊醒了。一只黝黑的大鸟正扑棱着翅膀一次又一次往她卧室的窗玻璃上猛撞，就好像要把脑袋钻进来……就跟希区柯克的恐怖片《群鸟》的惊悚画面一样。

就在当天，她买了一张飞翔的乌鸦形状的剪影贴在了窗玻璃上。这一招，本应让缺乏经验的鸣禽幼鸟不去冲撞玻璃，可是这一回却反而大大加剧了撞击的状况。一只住在房前杨树上的小嘴乌鸦每隔几个小时就会再次撞向窗玻璃，和上面的剪影"打斗"。

这件怪事的谜底是：在繁殖期，小嘴乌鸦爸爸必须特别警惕 50 公顷的广大范围里同类的袭击，因为，和喜鹊一样，小嘴乌鸦是天生的盗贼。

不在繁殖期的小嘴乌鸦三四个一群地四处游荡，只要鸟爸爸在保护妻儿时稍有疏忽，它们就会来抢劫鸟蛋，吃掉刚出生的雏鸟，以及强暴正在孵蛋的雌鸟。

在上面提到的这个例子中，玻璃窗倒映出了警戒中的雄鸟的影子。它就错将自己的身影当成了正在接近鸟巢的敌人，并试图把这个在镜像中也的确做出了格斗动作的幻影赶走。

动物们的生存艺术

而现实中小嘴乌鸦在这上面遭受的损失大得骇人。平均每四只雏鸟中就有一只沦为这些同类相食者的牺牲品。

　　远处藏着一伙流浪汉，等到雄鸟飞走觅食去了，它们就展翅向鸟巢这里飞来。其中一个强盗跑来调戏正在孵蛋的雌鸟，直到对方怒气冲冲地飞出鸟巢来追打这个登徒子。而这个登徒子的党朋正等着这一刻。从现在起，鸟巢就完全没有保护地暴露在它们的攻击之下了，它们掠走鸟蛋和雏鸟，经常将巢洗劫一空。

　　由此可见，在那些小嘴乌鸦的鸟巢以及周边环境不能一目了然的地方，比如在森林的树冠区，这些同类相食的恶魔往往能取得巨大的成功。在那里，外出觅食的雄鸦无法发觉外来鸦的突袭并赶来救援。在这些区域，有75%的雏鸟会被这些食鸟魔吃掉。

　　因此，这段时间，小嘴乌鸦特别喜欢把巢筑在高压电线杆上，即那些钢铁结构的"大树杈"上。而且，它们的翅展还刚好足够短，这样，它们就不会像鹳一样，自己把自己"处死在电椅上"了。

　　这里，雄鸟即便在很远的地方也能看得见鸟巢，并在危急关头马上赶回来救援。所以说，现代文明对小嘴乌鸦来说也还是有它的好处的。

雄天鹅也能当妈妈

　　人类中的父亲就像雄疣鼻天鹅：它们虽然会勇猛地保护自己的孩子，却将日常工作通通交给孩子的母亲。这并非因为它们在照顾孩子这件事上太过笨拙，其实它们只是在逃避辛苦。一个发生在汉堡阿尔斯特河上游、有关天鹅涅斯托尔（Nestor）*的故事便展示了这一点。

　　三个野孩子无视禁止标识，试图接近这只天鹅筑在芦苇丛深处的巢穴。就在那时，涅斯托尔挡住了他们的路，用喙紧紧咬住了冲在最前面的勇者的裤腿，用双翼重重地击打他，以至于打断了他的一条腿。它阻挡住了攻击！

　　涅斯托尔还负责在太太的视域之外执勤。这就意味着，每当一只骄傲的雌天鹅游过来时，它就会放下自己的任务，转而抓住机会寻一段风流韵事。

　　这种事甚至还发生在孩子即将出世的那个清晨。远处巢穴里的五个孩子即将破壳而出，可执勤中的涅斯托尔对此毫不知情，因为它正意气满满地前行，跟在一只陌生的漂亮天鹅身后。

---

* 涅斯托尔，希腊神话中一位长寿的智者。西方文化中用他的名字代指"睿智、阅历丰富的长者"。——译者注

在雏鸟降生的过程中，雄天鹅听到妻子的呼唤，急忙赶回去，只为亲眼看着自己的孩子们出生，这是一种触发父性行为的必要方式。否则，天鹅的父性就无法得到唤醒。

对涅斯托尔而言，情况还要更糟糕。它的出轨企图失败了，陌生的雌天鹅断然离开了它。所以，现在，更确切地说，是在妻子第一次带着它的迷你"丑小鸭"从芦苇荡里游出来的那一刻，它的心情五味杂陈，既有失落，也有性欲的不满足。

当雄天鹅完全展开羽翼向妻子示爱时，它似乎根本没有看见自己的孩子们。几天前，它还将它们视作珍宝，倾注了全力去保护它们。雏鸟的叫声越发急迫，而丈夫的翅膀如餐巾般展开，它昂首前行，身前飞溅起朵朵浪花。雌天鹅夹在孩子和丈夫之间左右为难。渐渐地，它越发频繁地参与到了爱情游戏之中，而丢下它俩的孩子们。五天后，雏天鹅们全都死了。

如果看护后代的本性没有得到正常唤醒，动物世界中的父母之爱就会导致这样悲剧性的后果。倘若一切正常，涅斯托尔也会成为一个模范爸爸。它在接下来的一年里证明了这一点。

这一次它没有错过孩子们的诞生时刻，所以它也成了一个相当不错的天鹅爸爸。这说明，疣鼻天鹅对家庭的付出就应该是专心守卫执勤。母亲带领着小小捕鱼队，而父亲则作为护送员在它们身后或身旁游弋。

其他所有的事情也都由母亲独自完成，比如带路、从水底觅食、展示可以食用的植物、找回掉队的孩子、背着累坏了的小家伙回家。可是有一天，雌天鹅被一艘机船碾死了，这都是因为散步的游人无视禁止喂食的标识而导致它靠近了码头。可现在发生了一件不可思议的事。天鹅爸爸一下子就能完成之前观察者认为它根本不会做的事情了。它马上就接过了母亲的全部义务，完美地弥合了孩子们的丧母之痛。

动物们的生存艺术

雀鹰为何长得雌大雄小？

年轻的雀鹰夫妇在炫耀与求偶飞行中做出了如杂技般的惊险动作，旋转着飞过春日的天空。一只陌生的雄雀鹰意外地发现了它们。作为苍鹰的小型亲戚，雀鹰在杀虫剂的毒害下几乎快要灭绝了，所以，它难以找到一个异性伴侣。这只雄雀鹰决定去碰碰运气，看看能否插足。

可是发情中的小夫妻同仇敌忾，在它周围绕飞、呼喊并大声尖叫。但它还是不死心，藏在附近，在它们开始交配时挤进二者之间。这实在是太过分了。雌雀鹰体重300克，是雄雀鹰的两倍多。那个妻子揪着插足者的羽毛，和它的丈夫一起吃掉了它。

已经濒危的雀鹰竟然还同类相残，使种群规模进一步减小，这真是物种保护的一个悲剧。而且，只有雌鹰一半重的雄鹰其实完全无力对抗体形巨大的雌鹰。

大自然通常会赋予雄性更为强壮的力量，但许多掠食性鸟类，例如猫头鹰、贼鸥、军舰鸟、蝙蝠的情况则相反，其中，雀鹰的情况尤为明显。大自然在这样造物时，究竟在"想"些什么呢？

旧观点认为：这有利于雀鹰父母在它们半径大约2千米的领地中为最多五个孩子猎取大小不一的食物，这样能够提高摄取食物的可能性，又好又多。可是，这一论点忽略了一个显而易见的事实，即，雄雀鹰也有能力捕捉较大的猎物，而雌雀鹰也能抓住小的。

所以，英国杜伦大学的保罗·格林伍德（Paul Greenwood）博士提出了另一个观点：在雀鹰孵化期间，它们完全没有必要捕捉不同大小的猎物。它们把孵化期放在春末的五月中旬到六月中旬，是因为那时无数麻雀和云雀巢穴中的雏鸟羽翼已丰，在它们首次尝试飞行时，雀鹰比较容易抓住它们。

这种"麻雀苍鹰"在孵化期会沿着灌木丛发起偷袭，或是从树间突然冲出，但在别的季节里，它有九成的概率失手。例如，老练的云雀会在逃跑时钻进老鼠洞里。雀鹰若想喂饱自己的孩子，就得去抓那些涉世未深的幼鸟。

此外，大个子雌雀鹰完全不会帮助小个子雄雀鹰捕猎。相反，"先生"必须在 36 个孵化日及之后的 21 个育儿日内独自供养它的"夫人"。在此期间，雌雀鹰只能坐在巢穴里，并等着丈夫给它喂食。

正因为如此，雌雀鹰必须得有分量。在这两个月中，长时间的恶劣天气可能会延长饥饿期，所以雌性必须要在不抛弃蛋的情况下保全自己的性命。雀鹰无法像许多其他鸟类那样进行补偿性或二次孵卵，因此，雌性一定要有足够的脂肪，以便在紧急情况下能调用能量。事实上，正是这些储备脂肪使得雌雀鹰的体形比雄雀鹰大得多。

动物们的生存艺术

为了孩子而环球旅行——灰鲸

1982年12月，美国海岸警卫队的一艘侦察船见证了一场鲸鱼间的海战。船长最先在俄勒冈州的太平洋岸边发现了12条杀人鲸（学名：虎鲸）尖尖的背鳍，它们在前方广阔的海域上急躁地转着小圈。接着，在前方不到百米处可见一整群灰鲸的"喷泉"一字排开。那里肯定得有40条灰鲸。船长透过望远镜又在后方看见了另一支灰鲸舰队的"喷泉"，它们正以最快的速度离开这里。

灰鲸同候鸟一样每年要进行1万千米的旅行，从北冰洋穿过白令海峡到阿留申群岛，然后，沿着美洲的太平洋海岸直至墨西哥的下加利福尼亚半岛。

如果它们在航行期间像现在这样遭遇小群杀人鲸的攻击，那么，所有雄灰鲸就会立刻筑起一条很长的防御战线，以保证身后的雌鲸的安全。杀人鲸通常会放弃攻击，但一支由9米长的杀人鲸组成的庞大的联合队也有可能攻击一支由最长15米、重33吨的灰鲸组成的小队。若碰到这种情况，灰鲸也知道任何抵抗都是无谓的挣扎，它们害怕得全身发麻，任凭自己被驱赶到海面上，仰面朝天，绝望地等着成为他者的腹中餐。

灰鲸为何要进行如此长距离且危险的旅行呢？单纯是为了孩子

好！灰鲸宝宝们于一月底在加利福尼亚沿岸圣伊格纳西奥旁的潟湖里出生，虽然那时便已经有 4.5 米长、1.5 吨重，但它们的皮下还没有能够帮助它们抵御北冰洋严寒的脂肪层。

所以，它们只能在温暖地带出生。在这里，它们得先摄取两个月的脂肪。脂肪来源于它们每天喝下的 200 升母乳。它们的食量大得使其每隔 24 小时会长胖 40 磅。

在此期间，最了不起的是灰鲸母亲，为了能让孩子喝到奶，它必须禁食大约六个月之久！因为在较温暖的海域里几乎没有它在北冰洋里能按上百千克吃下的小螃蟹。

雄灰鲸也得一起参与长时间远距离的"禁欲之行"，因为雌灰鲸在生完孩子之后只和丈夫有一次短暂的交配。一旦先生们完成了任务就会马上与妻儿分开，以便反方向北上，游到食物充足的海域去。期间，母亲们则带着它们的孩子继续在温暖的水域中逗留大约两个月。

为什么所有的灰鲸在往返旅行时都要紧紧沿着海岸呢？这种行为从前还为爱斯基摩人和印第安人创造了捕猎它们的机会。其原因很可能在于这里相对不容易受到杀人鲸的袭击。如今，因为灰鲸得到了保护，游客们就有了绝佳的近距离观察这种鲸鱼的机会。在美国洛杉矶和圣迭戈之间有很多游艇小码头，例如，在达纳点，11 月至次年 5 月间的"观鲸游"大受追捧。在这里，游客只需花上不多的钱就能乘船靠近灰鲸，甚至可以在它"喷水"时用手摸到它。

美国的旅行社还在圣伊格纳西奥组织了前往 900 多千米外的鲸湾港的航行。人类就像身处巨人国的格列佛，在这里观察灰鲸母亲与孩子们玩耍或是旁观一场爱情游戏。在自然之力的笼罩下，这会是游客们的一次难忘的经历。

动物们的生存艺术

吻花的空中杂技演员——蜂鸟

它们的爱情游戏就像一场空中战斗。骄傲的蜂鸟求爱者虽然只有两克重，但它就像一架俯冲战斗机，以 95 千米的时速从 40 米的高处冲向它那坐在树枝上的"姑娘"。

追求者精准地绕过求爱对象，刹住了车，然后用几个有节奏的弯道飞行再次飞向空中，以便将这一绕飞动作重复 10 遍或是 20 遍。这种不太擅长歌唱的鸟并不太想用乐曲给它们的新娘留下深刻的印象，而更愿意在它们更擅长的领域中展示运动的魅力。

只有当雄蜂鸟成功地用它的飞行技艺让它的"女友"从座位上站起来，并和它肩并肩地一起做出同样大胆的疯狂行为时，它才能完成自己期望的目标。

不过，在蜂鸟交配之后，杂技表演才真正开始。吸蜜蜂鸟母亲必须要造一个婴儿床，而它自己就轻得只有 2 克重。为此它将一片叶子卷起来，用蛛丝捆好。

两只蜂鸟宝宝都只有 0.3 克重，它们非常袖珍，但相比其他种类的雏鸟，它们更容易受到敌害的威胁。原因在于：蜂鸟擅长在空中悬停，为此它们丧失了用脚在树枝上弹跳、攀爬的能力。所以，它们就不能像其他鸟类那样为了不让敌人发现自己的巢穴而将它深深地藏在一堆叶子里了。它们只能把巢筑在自己能够飞到的地方，也就是树或灌木丛最外侧的枝干上。

可若是不采取双保险的方法来保守据点的秘密，筑在这种地方的巢穴就很容易被树蛇、蜥蜴和肉食鸟类发现。蜂鸟的办法就是完美的伪装与绝对的安静（也包括喂食期间）。雏鸟绝对不许乞食和鸣叫。伯恩亚利山大·柯尼希博物馆的卡尔·舒赫曼（Karl-L. Schuchmann）博士观察到了这种小小的鸟用以完成无声交流的特殊方法。两只雏鸟安静地蜷缩在巢穴的下凹处，直到母亲用它长长的喙尖温柔地碰了一下孩子侧脸的眼眶。这就和"电铃按钮"的作用一样。因为这次接触，孩子们就会为了吃东西而张开小嘴。研究者用一根火柴也达到了同样的效果。

从雏鸟降生的第 6 天起，另一颗"电铃按钮"接替了这项任务。现在的"按钮"是雏鸟背上的"呢子大衣"上的小小羽毛。如果到了应该张嘴的时候，这些羽毛就会被气流吹起。舒赫曼博士用一根秸秆吹风，也成功了。

但蜂鸟母亲是怎么做的呢？它就像一架直升机直接停在巢穴的上方，并用它的"旋风"发出让孩子张嘴的信号。它借此迷惑孩子的天敌，使其相信它正在造访一朵鲜花，而非巢穴。

当母亲感觉到有天敌正在注视自己时，这种误导甚至还没有结束。它一刻也不会在巢穴的边沿停留，而是在雏鸟上方保持悬停，并从空中投食！

可一旦雏鸟的羽翼变得丰满了，所有的生命危险顷刻都会化为乌有。因为没有一种肉食动物能成功地抓住蜂鸟。掠食性鸟类根本不会尝试去抓这些飞行表演的特技演员。因为它们中间有谁能在全

　　　　　　　　　　　　动物们的生存艺术

速飞行时猛地一抽就悬停在空中，而且甚至能快速向后飞行呢？

飞行表演节目单上最令人称奇的节目当属"小鸟钻子"。在墨西哥，有一种花有巨大的花萼，对鸟类而言，它的花蜜深得难以够到。而蜂鸟就将它们长长的喙从花萼壁的一侧放下，像花样滑冰运动员那样以自身为轴快速旋转。它们的身体看起来就像牙医的钻子，然后，它们就能通过钻出的洞成功地喝到琼浆了。

蜂鸟的双翅每秒可挥动多达 200 次，期间它的迷你心脏的心率为每分钟 1 200 次。这个尖端"发动机"只能使用易消化、高浓度的"燃料"，而花蜜就符合这种要求。

花蜜是所有能量食物中的特效药。蜂鸟每日所需的花蜜重量超过它体重的一半。如果一个人要摄取相应的能量，那他每天必须吃掉 140 千克的夹心巧克力。

为了填饱肚子，蜂鸟每天必须"亲吻"大约 2 000 朵鲜花。它自然是边飞边给自己加油的。管状的鸟喙被当成了"输油管"，这根管子有时候相当长。整个过程十分迅速。有一次，赫尔穆特·瓦格纳（Helmuth Wagner）博士观察到了一只宽尾煌蜂鸟是如何在 52 秒之内吸干 21 朵花的。

要是肚子装满了，"吻花者"在十分钟之后便又得关注自己的身体健康了，因为它的"油箱"又已经空了。巨大的飞行功率使蜂鸟很快就耗尽了"储备油"！

一个事实看似与之矛盾，即许多种类的蜂鸟其实是候鸟，需要远距离飞行。棕蜂鸟每个秋天都要从阿拉斯加飞行 6 000 千米到中美洲。红喉北蜂鸟是一种只有 4 克重的小个子鸟，它甚至要穿越墨西哥湾。它从佛罗里达穿过公海，飞到尤卡坦半岛，中途不做任何休息，全程大约 800 千米。如果它的"储蜜罐"只能支撑它 10 分钟，那么，它从哪里获得这种长距离旅行所需的口粮呢？

在启程前（也只有在那时），蜂鸟能将非常大的"燃油储备量"转换为脂肪储存在体内。这类原料来源于大量昆虫。在出发前的数周里，蜂鸟对昆虫的渴求就像恶魔对灵魂的渴望，非得到不可。

在完成了每天高强度的空中杂技表演后，蜂鸟在睡觉时也采用一种很经济的方法。一旦傍晚的气温凉了下来，它们就会寻找过夜的地方。它们一般会在岸边悬空的斜坡下方找一个位置，而那里只有装了强力的飞行螺旋桨的生物才能抵达。换句话说，那种地方可以说是专为蜂鸟定制、不对其敌害开放的休息场所。

蜂鸟在那里不会再花很长时间去做清洁，也不会伸懒腰、舒展身体以及挪来挪去，因为这都会无谓地消耗能量。看到蜂鸟把喙抬高便意味着它们已经进入了梦乡。蜂鸟睡得越深，喙也就向高处翘得越直。

在安第斯山脉大约 4 000 米高的地方，夜晚常常十分寒冷。在那里生活的白耳蜂鸟以让自己进入僵化状态的方式来适应那里的环境，如动物学家所言，这就是所谓麻痹自己的方法。它的体温从 39 度降至 14 度。瓦格纳博士曾用手抓住这种蜂鸟，它们也没有醒来。在极端天气里，它们只有把每项生命活动的耗能都调至最低才能够存活，比如，它们不能像平时那样睡觉，而要采用一种冬眠法，但也只睡一个晚上。

由于缺少丰富的花蜜来源，相比其他鸟类，蜂鸟看守自己的领地时更有戒心。如果有陌生者闯入领土，就会上演一出扣人心弦的空中大战。这场战斗并不依靠体形大小与身体力量取胜，而仅凭空

　　　　　　　　　　　　　动物们的生存艺术

中杂技般的飞行技巧。

虽然双方以人类无法看清的高速冲向对方，但几乎谁都不会受伤。因为，在转弯动作上处于下风的一方会及时承认自己的失败，并因害怕受伤而逃之夭夭。

雄性"产妇"——海马

　　它有国际象棋中骑士那样的脑袋,有猴子那样能够缠绕的尾巴,有袋鼠那样的育儿袋,有昆虫那样的甲壳,有变色龙那样可以全方位转动的眼睛,可它竟然还是一种鱼,它就是海马。

　　在动物界,这种16厘米长的动物的孵化行为极其特别、无与伦比。母亲在父亲的腹囊中装满200颗卵,这样,就能让丈夫完全独立地承担起孕育后代的任务,而它自己则可以无忧无虑地享受生活。

　　父亲的育儿袋的内壁渐渐长出了海绵层——它就是现在向所有的胚胎供应氧气、营养液并交换二氧化碳的介质,正如高级哺乳动物的胎盘一样。

　　腹囊会随着胚胎的成长而不断变厚。4周后,200个小家伙从父亲那黏合的身体里钻了出来。分娩开始了。第一阵疼痛来了,会持续一到两天,甚至更久。雄海马现在倚靠着"锚栓",也即用自己卷卷的尾巴抓住海藻或是海草,然后开始痉挛——用全力将尾巴朝向腹部卷曲,并来回屈伸。

　　两个小时之后,第一个孩子出生了。这是一只9毫米大的小海马,是父母的缩小版。它就像一个香槟酒的软木塞一样从紧紧的瓶口弹了出来,马上就被一个飞驰而过的、螺旋桨似的臀鳍卷走了——永别了。

接着，父亲有一个大约 20 分钟的休息时间。还有 199 个孩子等着呢。然后它又开始为第二个孩子做同样的努力。渐渐地，育儿袋不断打开。大约从第 40 个孩子开始，孩子们就成双出世了。最后是 15 或 20 个地成串出生。

在水族馆里，父亲通常会在生产时或结束后不久去世。如此漫长的分娩过程十分痛苦。但在自然界中，也就是在长着海草或海藻的沿岸水域，例如在地中海里，它几乎每次都能挺过来。接着，在几天后，另一只雌性再次用卵填满了雄海马的腹囊，让它给这些卵受精，并照顾它们。

怪不得海马间的异性交往必须由雌性发起，它比雄性稍大一些，闪耀着绚丽得多的色彩。因此，相比身披伪装色的雄海马，雌海马更容易被敌人也就是掠食性鱼类和蟹类发现并吃掉——大自然用这种方法调节出生时"女多男少"的问题。

这些"海洋号角"用温柔的咔嚓声对它的雄海马唱着恋之夜曲，缓慢地向它靠近，碰到对方时，就用自己的尾巴抓住它。现在，双方绕着彼此，跳起了水底华尔兹。这支舞将持续数日之久。雄海马的身体必须得重新振作起来。

慢慢地，准爸爸又开始用所谓分娩痉挛即程序化的分娩动作发出信号，表明它已经准备好了。新一轮的生产开始了。

附录

堪称艺术的生存能力
——《动物们的生存艺术》导读 *

赵芊里

（浙江大学　社会学系　人类学研究所，浙江杭州 310058）

细读全书，我们可以发现，作者在这本书中所谈论的话题主要有以下七个方面。

一、动物们的生存艺术

动物们的生存技能多种多样、水平高低不一，这本书中所谈论的动物们的生存技能主要是一些令人惊叹的、堪称艺术的生存技能，因而可谓之为生存艺术。

1.1 动物们的采猎艺术

钻孔取蜜。蜂鸟是一种体重通常只有几克到十几克的飞行时会发出蜂鸣声的小型鸟种，长着约有躯干主体一半长度的针管状喙，主要以花蜜为食。有些花的蜜藏在巨大的花萼底部，一般的鸟都无法吃到蜜，但蜂鸟却有办法：它们会将长长的喙放在花萼壁上，然后身体快速旋转，让喙像钻子一样在花萼上钻出一个洞；这样，它

---

* 本文为浙江大学文科教师科研发展专项项目 (126000-541903/016) 成果。

们就能从洞口喝到花蜜了。

伪装成雪球突袭。在喜马拉雅山区，当黑熊在雪山上发现山谷里有猎物（如马鹿）时，它会从高出山谷几百米的山上以卷起身子滚雪球的方式冲向并撞倒猎物，而后以迅雷不及掩耳之势对猎物发起几乎百发百中乃至一掌毙命的攻击。在碰上猎人时，黑熊也能以滚雪球的方式甩掉跟踪者。由于有这种高超本领，即使在寒冷的冬季，黑熊也能找到足够的食物。

穿山甲的捕食艺术。穿山甲主要以蚂蚁等昆虫为食。当碰上蚂蚁群时，穿山甲会用鳞甲紧紧地捂住眼耳鼻，在蚂蚁群中来回翻滚；这时，蚂蚁们会钻进穿山甲身体其他部位打开的鳞片中；等鳞片中爬满蚂蚁时，穿山甲就会将鳞片闭合起来。而后，它会跑到浅水中，将鳞片打开，甩动身体将蚂蚁抖落水中；接着，它的粗面条般的充满黏液的长舌头就可从容地将漂浮在水面上的蚂蚁卷进嘴中了。

合作围猎。灰鲨集体狩猎时会排成"散兵线"，将鲻鱼赶进狭小的海湾，将其围得水泄不通；而后冲入鱼群，从容进食。作者认为，灰鲨的这种有组织的协同作战通常是只有人类才能做到的事情。海豚也会利用海湾对猎物发起包围战，在无海湾可利用时，它们甚至能搅动海底污泥、将猎物包围在污泥形成的包围圈里，而后冲入圈内进食。海豚在吃饱后就会立即停止猎杀，而不会滥杀，从而使自己的食物资源总是处于有储备或有保障状态。

1.2 通过睡觉来保命的艺术

阶段性休眠在性质上等同于冬眠，只是持续时间较短。

侏袋貂用阶段性休眠来对抗饥饿。在饥荒期，澳洲侏袋貂会在洞穴内将自己卷成一个球，而后进入深度睡眠。此时，其所有生命活动都会在较低体温下切换成"文火"状态。这样，侏袋貂就能靠休眠不吃不喝地安然度过饥荒期！同样具有"阶段性休眠"能力及现象的动物还有蜂鸟、蝙蝠、鼩、幼年雨燕和苇鸦及鼠鸟。

蜂鸟用阶段性休眠来对抗严寒。 在安第斯山脉约 4 000 米高的地方，夜晚常常十分寒冷。在那里生活的白耳蜂鸟会以让自己进入僵化状态的方式来适应寒冷的环境。休眠时，蜂鸟的体温会从 39 摄氏度降至 14 摄氏度。这样，它们就能将所有生命活动的能耗降至最低，从而安然度过寒冷的夜晚。蜂鸟为抗寒而进行的休眠只持续一夜。

1.3 动物们的伪装艺术

生存斗争使有些动物演化成了伪装艺术家，可以用伪装来欺骗猎物或躲避敌害。

须鲨伪装成珊瑚石。 须鲨有着类似岩石的多斑点的皮肤，当它一动不动地趴在珊瑚上时便难以被辨认出。但不小心碰到它的鱼、蟹等就惨了，霎时，须鲨的嘴就会像一个带铁夹的陷阱一样将对方吞入。

蟾蜍蝉伪装成石英石。 蟾蜍蝉的外观与石英石无异。只有当人不小心踩到它们时，才能根据其叫声将其与周围无数的石英石区分开来。这样的伪装术使之能逃过许多敌害的注意。

兰花螳螂伪装成兰花。 当身处兰花丛中时，兰花螳螂会随着周围的花色调整自己的体色，并将自己的肢体伸展成兰花的造型，从而让自己相当完美地隐身于兰花丛中，而不易被猎物察觉。由此，它就可以守株待兔地捕食闯入花丛的猎物了。

　　　　　　　　　　　　　动物们的生存艺术

在自然界，善于伪装的动物很多，除上述动物外，还有貌似条状鸟屎的蛾、形如巨刺的角蝉、状似青苔的灌丛蟋蟀，看起来分别像树叶、枯叶、患霉菌病树叶的叶草蜢、钩粉蝶、鞍背蝗虫等等，这些动物都只待在能让自己与环境显得浑然一体的地方。

1.4 动物们的逃生艺术

鼯鼠用飞毯滑翔逃生。 当鼯鼠在树上觅食时，如果碰上天敌（如会爬树的蟒蛇），它就会立即跳离树枝并伸展四肢，这时，其四肢间的翅膜就会张开，从而使自己变成一架滑翔机。这种翅膜形式的"飞毯"可使鼯鼠从 20 米高的棕榈树上滑翔百米远，而后在另一根树干上快速爬高，然后重新开始滑翔，直到甩掉敌害或到达想去的地方。在逃跑时，母鼯鼠甚至可在背上搭载着两只小鼯鼠一起滑翔。

紫扇贝变身"火箭"逃生。 在遇到敌害时，既无手脚也无翅膀的紫扇贝居然能通过开合双壳使水从内腔中喷射而出的方式让自己瞬间变成一支"火箭"，从而迅速逃跑。

网袋蜗牛翻跟斗逃生。 在平时，网袋蜗牛爬行缓慢。但一旦天敌海星的触手触碰到它，它立即就会从壳内伸出一条长腿，用连续翻跟斗的方式逃生。新西兰鸵鸟蜗牛能在 4 分钟内翻 50 个跟头，甚至能在背上粘着海星的情况下翻跟斗，直到海星被抖落为止。

鲍鱼变身旋转弹簧甩开敌害。 鲍鱼在遇到危险时会用铁饼状的硬壳将自己紧紧地吸附在礁石上。当它发现有海星在用几百只管足有力拉扯自己的壳并有撬开它的危险时，它会以粗厚的肉足为支撑抬高身体，变身为一朵伞形蘑菇；而后，它会朝顺时针方向旋转三圈，使肉足像弹簧一样螺旋式升高并绷紧，然后朝逆时针方向高速旋转。由此产生的离心力就会将海星甩到数米之外。

1.5 动物们的繁殖艺术

动物们的繁殖活动中也有奇特到令人惊叹的现象！让我们来看实例。

带状沙鱼的变性艺术。在佛罗里达礁岛群间的海水中，两条带状沙鱼正在舞蹈，其中，颜色鲜艳的大个子是雄鱼，颜色较暗的小个子是雌鱼。它们并排站着，摆动着身体。当雌鱼排卵时，雄鱼就排出精液使卵受精。在雄鱼排精几秒钟后，它身上鲜艳的橙色斑点褪去，深蓝色斑点则不断扩大，最终全身变成了带紫色星点的深靛蓝色。与此同时，雌鱼的体色也闪电般地变成了雄鱼的体色。接着，原来的雌鱼开始围着原来的雄鱼转起来；突然，原来的雄鱼排出了卵子，而原来的雌鱼则排出了精子。原来，在第一次排精、排卵后的几秒钟内，雄鱼和雌鱼就像川剧中的变脸艺术一样变换了性别。带状沙鱼之所以能变性，实际上是因为它们是雌雄同体的动物，排卵或排精只是起了促使原本就存在于体内的另一套性器官成熟的促媒作用。鲥鱼、鲷鱼、隆头鱼中都有变性现象，但它们的变性通常需要几年的时间，人类迄今所知的能在几秒钟内变性的只有带状沙鱼。带状沙鱼快速变性的一大好处是：在找不到异性伴侣的情况下，一条沙鱼就能用自产的精子给自产的卵子受精，做到繁殖不求"人"！

水母的繁殖艺术。一只雌海月水母能一次射出 2 万颗受精卵。每颗受精卵在孵出幼虫后会分裂成 30 段，每一段又都变成了一只水母！附着在浅水区水底地面上的水母会连续分裂（每次分裂成 30

段），至少 3 次（若不受食物限制则会无限分裂下去）。在以分裂的形式批量繁殖 3 次后水母会因饥饿而死，因为数十亿只小水母吃完了周围所有的食物。石油污染使得将石油摄入体内的许多海洋动物无法下潜或快速逃跑，因而容易成为天敌的食物。石油污染导致海中鱼量剧减，但看似透明果冻的水母却以蝗虫之势大量繁殖，成了海洋中的一方霸主。

雄性做孕产妇的海马。 海马是一种头部呈马头状的小型海鱼，是地球上唯一一种由雄性孕育与生产后代的动物。在海马中，雄性有腹囊即育儿袋，雌性则没有。交配时，雌海马会朝雄海马的腹囊中排入约 200 颗卵子，雄海马则排入精子使之受精。而后，雄海马就会独立承担起孕育后代的任务。约一个月后，雄海马的腹部开始痉挛后，小海马们就陆续从父亲的育儿袋中钻出来。约 200 个小海马的分娩会持续一到两天。刚开始生产时，雄海马需痉挛两个小时才能生出第一个孩子。接着，雄海马要休息约 20 分钟才能开始产第二个孩子。在生产过程中，育儿袋的开口逐渐加大。从约第 40 个开始，孩子们就成双出世了。后来就是 15 到 20 个一起成串地出世了。漫长的分娩过程很耗体力也十分痛苦，不过，在自然界中，雄海马们大多能挺过来。分娩结束几天后，另一只雌海马又会用卵填满雄海马的腹囊，开始新一轮孕育与生产。

二、动物间的互助合作与共生现象

互助合作（如集体围猎）既是一种谋生技巧，也是社会动物的一种基本生存方式。由于其之于社会动物的特别重要性，因而，有必要对合作现象做专门且较为充分的讨论。

2.1 同种动物间的合作与救助

蚂蚁中的合作与救助。切叶蚁内部存在着多种分工合作现象。在采集作为主食的树叶时，切叶工蚁之间就存在着分工协作：上树切割并抛下树叶的是收获蚁；将收获蚁抛下的树叶切割成半圆形块并负责搬运的是运输蚁；在切割与搬运树叶时，负责保卫工蚁不受苍蝇等敌害攻击的则是迷你蚁。在切叶蚁群体中，身材矮小的迷你蚁平时其实主要是蚁穴地下农场中的菌类培植员，战时才临时成为防空兵；身材最高大（近乎工蚁两倍）的兵蚁才是"保家卫国"的"职业军人"，当有敌害来袭时，兵蚁们就会堵住蚁穴各个入口并奋力歼敌。

穴居于地下的切叶蚁会碰上洞穴垮塌因而被掩埋的灾难。在遇上洞穴垮塌时，被掩埋的切叶蚁会发出紧急求救信号；听到信号后，救援部队立刻就会展开搜寻、定位并将其挖出。

蜻蜓中的合作与救助。雌蜻蜓在交配后会将身体浸入水中产卵。在此过程中，它的翅膀会被打湿，因而无法飞行。这时，近旁的雄蜻蜓就会飞过来，托起雌蜻蜓的颈部实施救援；若一只雄蜻蜓无法将雌蜻蜓带离水面，就会有别的雄蜻蜓飞过来，托起前一只雄蜻蜓颈部，与其一起奋力飞行，将雌蜻蜓救到岸上，以便其能沥干翅膀上的水，恢复飞行能力。在这种救援行为中，那两只雄蜻蜓在"海难"发生前不久可能还是争夺同一雌蜻蜓的情敌，但一旦看到同种雌性落难，它们却能马上舍弃前嫌，携手救难。这就是可在蜻蜓这种"低级"动物身上看到的令人惊叹的无私救难行为。

2.2 非同种动物间的合作与救助

斑鸠护睡禾雀。 若禾雀与斑鸠在夜晚共处一室，高大的斑鸠会允许小巧的禾雀钻到自己肚子底下双腿间的"羽绒被"中睡觉。即使在已孵出幼崽、需用身体呵护幼崽睡觉的情况下，母斑鸠仍然允许禾雀在自己背上睡觉。这种现象表明：动物的母爱表现可以是跨物种的。

海豚助人捕鱼。 毛里塔尼亚大西洋沿岸不长树木也没有海湾，当地的渔猎族群因拉根人无材料造船，也无法利用海湾来捕鱼。他们怎么捕鱼呢？当有鱼群从岸边的浅水区经过时，因拉根人可用渔网将鱼群三面围住，但朝向海域深处的一侧无法用网围住。在这种情况下，渔民便会拿起棍子猛敲海面，从而制造出巨大的响声。这时，栖息在附近海域的一群海豚就会赶过来帮渔民们堵上渔网的缺口，从而让渔民们可在浅水区捕捉到尽可能多的鱼。若当时海豚们正感到饥饿，它们自然也可从容享用部分被它们自己和人类合作围困住的鱼。在没有海湾的地方，人类与海豚合作捕鱼其实是双赢的，因为海豚也需要人类在自己容易搁浅的浅水区帮助围堵鱼群。

在缅甸伊洛瓦底江三角洲流域，每个渔村都有一只侦察海豚。每当渔民们乘船外出捕鱼，随行的海豚就会查明哪个海区多鱼并引导渔船抵达那个值得撒网的地方。

水羚间既对抗又合作的关系。 水羚生活在水生植物茂密的水岸边，有领地意识和占据及保卫领地的行为。强壮的雄水羚会将自己的领地尽可能地沿着河岸延伸。这样做不仅意味着尽可能多的食物、水源和藏身之所，而且意味着尽可能多的与雌水羚交配的机会。雌水羚感兴趣的是尽可能充足的饮食和安全的藏身之处。尽可能大的沿河领地使雄羚羊得以有多个雌性配偶，这就是动物中"基于食物源垄断的一夫多妻制"。在水羚的领地中，雄领主常常允许一只乃至两三只较年轻的雄水羚生活在它的领地中。这些雄水羚会与领主争食物乃至与领地内的雌水羚偷情，为什么领主不把这些竞争者赶出去呢？因为：年轻的雄水羚可帮领主保卫领地，从而使领地不易落入其他水羚之手。而年轻的雄水羚之所以愿意在其他水羚手下做随从，除了便于获得食物和偷情机会外，还可能有更长远的利益：等自己的力量强大到能与领主相抗衡乃至能战胜领主的时候，它就可以将领主赶走，从而自己做领主了。可见，竞争对手之间也可以有合作，在某些情况下（如外敌入侵时），对手间的合作甚至能产生双赢的效果。

寄居蟹与海葵之间的共生关系。寄居蟹栖息在海滩浅水区，以海螺壳为保护壳。寄居蟹之间会互相抢夺"房屋（螺壳）"，甚至，强者会逼迫弱者让出自己现居的螺壳。在这种住房争夺战中，许多寄居蟹会以能分泌毒液的海葵、海绵和珊瑚虫为盟友。寄居蟹会将海葵种在自己的某个钳子的"手背"上或自己所寄住的螺壳上。当碰上敌手时，寄居蟹就可用海葵的触手来蜇伤对方，从而保护自己、不受攻击或骚扰。对寄居蟹来说，海葵不仅是威力强大的武器，还可作为伪装的工具，从而在必要时（如睡眠时）免受敌害的攻击。有一种地中海寄居蟹甚至用海葵的外皮裹住整个壳，并在螺壳被海葵溶解后就直接寄居在海葵身体中。海葵作为保镖其实是能得到寄居蟹回报的：寄居蟹吃食物时总是会将许多食物碎屑留给海葵，甚至，有时，寄居蟹还会用钳子将大块食物递给房顶上的保镖，即有意为海葵喂食！这就是寄居蟹与海葵之间的互助共生现象。

　　　　　　　　　　　　　　　　　　　动物们的生存艺术

三、动物们的语言

3.1 鸟类的声媒语言

汉语中有"鸟语"这样的说法，对此，主张人类独特论（如理性、语言等是人类特有的理论）的人会不以为然，但动物行为学研究却表明："鸟语"这种说法并非虚言。

面对和睦相处的熟悉的邻鸟、以攻击姿态闯入领地的陌生鸟、发情期的同种异性鸟时，鸟所发出的叫声及其节奏是很不相同的，显然，这些声音与特定的对象、情境、目的相联系并起着不同的作用：友善的问候、带着敌意的警告、充满爱意的求爱。而且，这些声音的确会产生相应的结果：维持和平、吓退敌鸟、赢得配偶。这表明，这些声音的确是起传情达意作用的语言。以上三种含义的语言可以说是所有鸟类中都有的。某些鸟类在某些时候的语言则是某些鸟种特有的，例如，据研究，夜莺在深夜时分的美妙歌声是向途经当地的迁徙的同类发出的一种友善的信号：这里食物丰富，可以在此降落！蜂鸟中也有类似的语言现象：在食物缺乏之地，蜂鸟不会唱歌；在食物有余或十分充裕时，蜂鸟则会唱起表示"这里有些食物，但不要来太多鸟！"或"这里食物很多，大家都来采食吧！"的歌声。有些鸟还会通过模仿某种声音给自己的伴侣取一个个性化的名字。例如，在一对渡鸦夫妇中，雄渡鸦喜欢模仿狗的汪汪叫声，雌渡鸦喜欢学火鸡的咯咯叫声，当彼此间的距离远到互相看不到的时候，它们就会分别以汪汪声和咯咯声称呼并呼叫对方。事实证明，这种高度个性化的称呼不仅便于配偶间彼此寻找，还有维护婚姻稳定作用。研究还发现同种鸟的语言还有不同的方言，例如苍头燕雀的方言使得相邻地区的苍头燕雀群体能彼此区分。

有些鸟能模仿人类的语音。有人认为那只是机械的模仿，鸟自己并不知道自己发出的声音的意义。但实验证明，鹦鹉能在特定声音与特定事物、形状、色彩、行为、态度等之间建立起稳定联系，并能在特定的生活情境中合乎事理及自身需要地发出特定的声音乃至声音组合，完成与人类的语音交流和行为互动。这表明，鹦鹉学舌并不只是机械地模仿声音，它是理解自己所发出的声音的意义的，至少在一定范围内、一定程度上是如此。例如：一只经过训练的非洲灰鹦鹉在见到一只涂了绿漆的木质晒衣夹子时，会说那是"绿木头夹子"；当它不想要某个东西时，就会说"不"。

3.2 猿类的手势语言

猿类彼此间的交流有声音形式的，也有手势形式的。由于发音器官的差异，猿类不能直接发出人类的语音，因而不能直接以人语与人类交流。但事实证明：猿类能学会人类的手语并可通过手语与人类成功交流。青潘猿可掌握几百个人类手语词汇，并能用这些词汇构造出结构较简单的句子。经过训练，青潘猿甚至能理解抽象符号（如指代香蕉的三角形、指代蓝色的圆形、指代可食用的叉号等）的意义，并能通过计算机用这些符号彼此进行远程交流。经过训练，祖潘猿甚至能直接听懂人类的口语（包括通过无线设备远程传入的人类口语）并按口语指令行事。据此，作者认为：猿类完全有语言及语言能力，猿类语言与人类语言之间的差别只是（复杂性等）程度上的差别。

3.3 蚂蚁的气味语言

蚂蚁是如何得知哪里有食物的呢？首先是因为蚁群总是在派出侦察员。当一只侦察蚁找到自己无力搬回蚁穴的丰富食物时，它就会回蚁穴叫帮手，并在一路上留下"气味路标"：挤压后腹部的芳香腺并通过尾刺流出气味物质。侦察蚁画出的气味线是前细后粗且断断续续的虚线。每一种蚂蚁都有只有本种蚂蚁才能感知的可维持两分钟的独特踪迹气味。气味线的粗细标示着食物的多寡和近远。从食物源载食物回家的蚂蚁越多，它们留下的并排或重叠的气味线就越多或越粗，气味就越浓，从蚁穴被派往食物源的蚂蚁也就越多。若食物已被搬完或因其他原因食物消失，空手回家的蚂蚁就不会再留下气味线，这样，两分钟后，就不会再有蚂蚁奔向原先的食物源了。由此，在蚁穴与食物源的距离在蚁行两分钟路程内的情况下，蚂蚁完全可以靠气味线的方向和粗细来完成关于食物所在方向、离穴远近和多寡的信息交流。这就是普通蚂蚁的气味语言。

3.4 鸟类和蚂蚁的动作语言

除声音、图像、手势外，动物的身体动作也可用作传情达意的媒介，因而构成动作语言。例如，蜂鸟亲子之间就会用动作语言实现无声的交流：当母亲用长长的喙尖温柔地触碰初生孩子侧脸的眼睑时，雏鸟就会张开嘴来接食；出生第 6 天起，母亲就改用另一种方式与孩子交流——当母亲用嘴对着雏鸟背上的绒毛吹气时，雏鸟就会张开嘴准备吃食。

除气味语言外，蚂蚁也还有动作语言。例如，在切叶蚁中，当有切叶蚁从采食场地回到蚁穴中，在蚁众面前大幅度左右摇摆身体而后又离开蚁穴时，就会有许多原本待在蚁穴内的切叶蚁跟着它走，因为那个动作表示某处食物丰富，需要更多同伴加入采食队伍。当遇上大量敌害时，也会有切叶蚁回到蚁穴中，并在蚁众面前做出有力地前后摇摆的动作，那其实是在用哑剧的形式呈现战争场景，因而，这个动作就意味着："快来呀！打仗啦！"

动物世界中实际存在的语言现象当然要比作者在本书中已呈现的复杂多样得多。

四、动物们的地位与领域（领地／领水／领空）意识及相应争斗

狐蝠间的地位关系及地位之争。树栖的狐蝠具有明显的地位意识，夜宿树上时，狐蝠们会努力争夺尽可能高的树枝上的位置。争夺的结果是：地位越高者在树上占的位置就越高，占据最顶端位置的则是狐蝠群中的约 12 个地位最高者。在夜宿的树上，位置越高就越安全，也越干净，因为狐蝠的天敌蛇、巨蜥和猫鼬都是从下方开始攻击的，由此，越是居于下方者就越是容易遭到攻击，而被天敌攻击者发出的惨叫则会对居于上方的狐蝠起到报警的作用；另外，在树上栖居时，狐蝠们的粪便只能是从高处自然下落的，由此，越是居于下方者就越是容易被上方狐蝠拉下的粪便淋到。由于地位的高低就意味着生命安全性的高低，因而，在狐蝠中，地位之争是相当激烈的。狐蝠中也有攀附现象：在发情期，雌狐蝠会受到所有雄狐蝠的欢迎，因而就可能因傍上"领导层"而挤进最高层的树枝。狐蝠对安全与地位的不懈追求导致了两性关系上的一种专制现象：雄性中仅占 6% 的最高层成员会占有群中 80% 的性交份额。在发情

期过后，原本因攀附而临时居于高位的已孕雌性又会被赶回到易受天敌威胁的较低的位置上去。

澳大利亚东部布里斯班郊区也栖息着大量狐蝠，但那里的狐蝠却享有绝对平等的地位。因为它们栖居在有轨电车道上方的电线上，大家都处于同一平面，也就无所谓栖居位置的高下优劣和安全性高低之分，从而也就无所谓地位之争了。关于地位高低及地位争斗，这个例子可给我们很大启发：动物们的地位意识与环境条件有关，如果在一种环境中占据不同的位置就意味着对生存与繁殖有不同的价值，那么，动物们就会形成地位差别意识并会为地位而争斗；如果在一种环境中占据任何一个位置对生存与繁殖都没有价值差异，那么，动物们就不会形成地位差别意识，而只会形成地位平等意识，从而就不会为地位而争斗。

美洲狮的领地意识和领地标记行为。与非洲和亚洲狮子不同的是，美洲狮是独居动物。它们会在领地周围放上"界石"：将大量树枝和树叶堆在一起，并撒上自己的尿。当一只美洲狮这样做了之后，别的美洲狮就会尊重这位地主的领地权，而不会再去打扰它。对此，作者评论道：美洲狮真可谓四腿猎手中真正的贵族！

猛雕的领地与领空意识及领域争夺行为。猛雕是非洲最大也最凶猛的鹰。一只猛雕的领地约100平方千米。猛雕是以在领地上空做反复的升降式飞行的方式来宣示自己的领地权的。如果有同类在领地上方（800米以上）高空径直前行，那么，什么危险都不会发生。但若来者在低空进入领地上方并不回避领主，那就会导致领地争夺战。在猛雕中，20%的领地争夺战会以一方死亡而收场。

五、动物中的偷窃与抢劫行为

喜鹊偷食物。 在秃鹰抓到一只老鼠后不久,一群喜鹊就会出现在现场。它们拉扯秃鹰的羽毛,直到秃鹰生气地扑向其中一个讨厌鬼。当秃鹰为追打喜鹊而飞上天空时,其余的喜鹊就会立即冲向秃鹰的猎物,将其撕碎,带着肉块急忙逃离。喜鹊不仅会偷食物,也喜欢偷人类的闪闪发亮的饰品(如戒指、耳坠等)。

红嘴鸥抢蠕虫。 凤头麦鸡可借助脚上微小的震动雷达发现在地下 10 厘米处蠕动的虫子,并将其拔出。红嘴鸥没有这种侦察能力,但它们会跟踪凤头麦鸡,并在麦鸡找到蠕虫时从鸡口夺食。红嘴鸥其实完全能自食其力,但当抢劫比自己劳作更轻松时,它们选择了抢劫。

白头海雕夺食寄生。 白头海雕总是跟踪鱼鹰——一旦鱼鹰捕到鱼便马上将其夺走。鱼鹰不得不将抓来的第一条鱼拿去喂海雕,指望着在海雕吃鱼时或已吃饱后自己能不再被夺食。白头海雕的夺食对象还有红头美洲鹫。当红头美洲鹫饱餐了一顿肉后,白头海雕就会来袭,逼它将肉吐出。如果鹫吐食太慢,白头海雕就会杀死它,连它一同享用。实际上,白头海雕自己也会捕捉鱼、兔、鼠、松鼠和多种鸟,但在养成夺食习惯后,白头海雕竟然变成了宁愿挨饿也要等别的动物捕食后再去夺食的寄生性动物。

贼蚁夺食为生。 贼蚁没有能力自己找食物,完全靠夺食为生。它们不断向外派遣间谍,跟踪附近他种蚁群的侦察兵。一旦发现食物,贼蚁间谍就会赶走发现者,将食物运回自己的巢穴。若食物源(如死老鼠)体量庞大,贼蚁间谍就会回巢叫来一支大军。贼蚁大军会封锁整片区域，不让他种蚁群进入，从而霸占食物并吃得一点不剩。若周围没有他种蚁群，那么，贼蚁群很快就会因缺食而亡。世上竟然有不做强盗就活不下去的动物，实在可叹！

动物中的偷抢现象似乎表明：在没有或缺乏同情心或换位思维能力及相关道德意识因而利己本性不受约束的情况下，动物们都是会倾向于做损人利己之事乃至成为职业盗贼的！

六、物口过剩的后果与调控机制

这是作者在多本书中都有论及的一个重大问题，只是，在这本书中，这方面内容不多。

田鼠鼠口的自我调节。 1977 年秋，德国下萨克森州山毛榉果实丰产，但却导致了来年该州山毛榉林大面积死亡！这是为什么呢？原来，山毛榉果是堤岸田鼠的主食。因为囤积了大量食物，原本一年生四胎、秋冬季就会因食物缺乏而节育的田鼠在那年冬季则毫无忌惮地大肆繁殖起来。田鼠在一个月大后就已性成熟并可加入繁殖大军。结果，来年春天，田鼠的鼠口扩大了近百倍！大量的田鼠在吃完储备粮和常规时鲜食物后，在无常规食物可吃的情况下就开始吃树皮，被啃光了树皮的山毛榉成片枯死。饥荒又重新降临鼠群，田鼠大量饿死。为了减少鼠患，当地林业部门曾用毒药灭鼠。但后来人们发现：在未投放毒药的地方，秋天时的鼠口竟和被毒死数百万只的地方一样少。原因是，在鼠口过剩情况下，田鼠会自我克制性行为。在几个月里，再没有幼崽出生，直到鼠口又回到与通常食物供应量相适应的正常水平。

家鼠繁殖的影响因素。家鼠与人类一样无特定发情期，四季皆可交配与繁殖。但家鼠的实际繁殖情况与食物丰歉密切相关：在食物充足的情况下，家鼠会尽情繁殖；在食物短缺时，家鼠会自觉禁欲从而节育。在饥饿状态下，雌鼠的幼年期会延长；在饥荒长期持续的情况下，雌鼠一生都无法达到性成熟。漫长的沙漠生活史使家鼠演化出了这样的特性：只要成年雌鼠还在寻找新栖所，它们就还不具备交配能力；一旦找到了栖所及配偶，它们的繁殖器官就会在短短几小时内发育成熟。同类的气味也能刺激或阻止家鼠的性行为。如果只有一雄一雌，且二者均为单身，雄家鼠的存在就会加速雌鼠排卵；如果还有年长的雌鼠在场，年轻的雌鼠就会推迟排卵，直到年长的雌鼠离开为止。这意味着：只要母亲和姐姐们还在，年轻的雌鼠就不能生育。在有田鼠或林姬鼠的地方，家鼠也不会生育（有研究者认为：这可能是田鼠或林姬鼠的体味导致了家鼠的不孕），从而被局部灭绝。总之，家鼠的繁殖既受食物丰歉情况影响，也受同性与异性家鼠及其他鼠的气味的调控。

七、美的生物学意义

关于动物之美的话题，在本书中，作者对动物们的审美能力也有所论及，但主要论述的是被感受为美的动物性状的生物学意义。

极乐鸟的绚丽羽毛是吸引异性的招贴画。在极乐鸟中，成年雄鸟的羽毛就像广告招贴画那样色彩绚丽，未成年鸟及成年雌鸟的羽毛则是暗淡的灰褐色。在雄鸟羽色华美而雌鸟羽色朴素的情况下，两性关系的法则是"雌性才有择偶权"：雄性展示自己的美以求得雌性青睐，雌性在比较后选择自己认为最美的雄性为交配对象，而雄性只是被选择的对象。一到发情期，极乐鸟就会举行选美比赛。雄鸟们通常会在太阳正式升起前的一段时间（这时不易招引天敌）选择枝叶遮蔽下的一个较为宽敞的场地作为"竞技场"，在那儿举行羽毛和舞技集体展示。

华美极乐鸟、蓝极乐鸟及六弦极乐鸟会以清除树叶的方式，在森林中造出一个直径约 6 米、深度可达 10 米的"舞蹈天井"。这样，它们就可在正午时分，在太阳像聚光灯一样照射着舞台的情况下进行观赏效果好得多的表演了（若遇天敌，它们马上就可躲入周围的密林中）。当外表美成了雌性择偶的主要依据时，这种美就事关雄性的繁殖成功率，而非只是悦目了。

雄凤尾绿咬鹃的羽色既是吸引异性的美色又是一种保护色。雄凤尾绿咬鹃长着长 1.3 米左右的尾羽，全身的羽毛在阳光下熠熠生辉，是世界上最美丽的鸟之一。艳丽的羽色易招引天敌从而危及自身及妻儿。那么，雄凤尾绿咬鹃会不会引发这样的悲剧呢？不会。因为它的羽色只有在强烈阳光下才会呈现为绿色基调的亮丽色彩。在其日常生活的森林阴处看，其羽色则是棕色的，而棕色是一种伪装色，可为其提供很好的保护。由此，雄凤尾绿咬鹃的羽色不仅会在阳光下的求偶飞行中因美艳而吸引雌鹃，也会在林荫深处的巢中及近旁因朴素而令雌鹃放心（在这种色彩的保护下，雄鹃就可安全地与妻儿待在一起并给它们以照顾）。

箭毒蛙与刚果蝗虫的鲜艳肤色是警戒色。肤色鲜艳夺目的箭毒蛙能分泌世界上最毒的毒素——只需 0.002 毫克这种毒素就可在短短几秒内置人于死地。这种动物的鲜艳肤色其实是一种警戒色，它意味着："你若吃了我，必将自取灭亡！"由此，箭毒蛙就可借助这种强烈警告色吓退可能的侵犯者，从而保卫自身的安全。

刚果蝗虫拥有五彩纷呈的美艳肤色。但一旦有动物试图吃它，便会立刻将其吐出，因为它的血液中含有会散发恶臭的剧烈毒素。由此，这种蝗虫的夺目肤色同样是一种警戒色，它在对敌害发出这样的警告："看清楚我是谁，我可不会放过任何一个碰我的家伙！"

在本书中，关于动物之美的事例不算很多，但它们已经在启发我们：凡是被感受为美的生物性状都是有利于生物的生存和繁殖的！因此，关于美，正如本书作者在别的书中说过的：美（即使是外在美）绝不是浅薄的！

以上七个方面的内容可算是本书的主要内容。当然，除了这些内容，书中还有一些其他同样很有意思的内容，如有些鸟怎样用唱歌维系婚姻、母猫为何收养雏鸟、海獭怎样吃贝壳坚硬的鲍鱼、日本雪猴怎样在冰天雪地中泡温泉与烤火，等等。现在，就请读者自己开始对这本书的探索之旅吧！